全国高等院校土建类应用型规划教材
住房和城乡建设领域关键岗位技术人员培训教材

# 建筑给水排水、供暖、通风及空调工程

《建筑给水排水、供暖、
通风及空调工程》编委会　编

主　　编：陈　哲　吴　静
副主编：刘　丹　李青霞
组编单位：住房和城乡建设部干部学院
　　　　　北京土木建筑学会

中国林业出版社

**图书在版编目（CIP）数据**

建筑给水排水、供暖、通风及空调工程/《建筑给水排水、供暖、通风及空调工程》编委会编. — 北京：中国林业出版社，2019.5

住房和城乡建设领域关键岗位技术人员培训教材

ISBN 978-7-5219-0025-5

Ⅰ.①建… Ⅱ.①建… Ⅲ.①给排水系统－建筑安装－技术培训－教材②房屋建筑设备－采暖设备－建筑安装－技术培训－教材③房屋建筑设备－通风设备－建筑安装－技术培训－教材④房屋建筑设备－空气调节设备－建筑安装－技术培训－教材 Ⅳ.①TU8

中国版本图书馆 CIP 数据核字（2019）第 065531 号

本书编写委员会

主　　编：陈　哲　吴　静

副主编：刘　丹　李青霞

组编单位：住房和城乡建设部干部学院　北京土木建筑学会

国家林业和草原局生态文明教材及林业高校教材建设项目

策　　划：杨长峰　纪　亮

责任编辑：陈　惠　王思源　吴　卉　樊　菲

出版：中国林业出版社

　　　（100009 北京西城区德内大街刘海胡同 7 号）

网站：http://lycb.forestry.gov.cn/

印刷：固安县京平诚乾印刷有限公司

发行：中国林业出版社

电话：(010)83143610

版次：2019 年 5 月第 1 版

印次：2019 年 5 月第 1 次

开本：1/16

印张：10.25

字数：160 千字

定价：60.00 元

# 编写指导委员会

组编单位：住房和城乡建设部干部学院　北京土木建筑学会
名誉主任：单德启　骆中钊
主　　任：刘文君
副 主 任：刘增强
委　　员：许　科　陈英杰　项国平　吴　静　李双喜　谢　兵
　　　　　李建华　解振坤　张媛媛　阿布都热依木江·库尔班
　　　　　陈斯亮　梅剑平　朱　琳　陈英杰　王天琪　刘启泓
　　　　　柳献忠　饶　鑫　董　君　杨江妮　陈　哲　林　丽
　　　　　周振辉　孟远远　胡英盛　缪同强　张丹莉　陈　年
参编院校：清华大学建筑学院
　　　　　大连理工大学建筑学院
　　　　　山东工艺美术学院建筑与景观设计学院
　　　　　大连艺术学院
　　　　　南京林业大学
　　　　　西南林业大学
　　　　　新疆农业大学
　　　　　合肥工业大学
　　　　　长安大学建筑学院
　　　　　北京农学院
　　　　　西安思源学院建筑工程设计研究院
　　　　　江苏农林职业技术学院
　　　　　江西环境工程职业学院
　　　　　九州职业技术学院
　　　　　上海市城市科技学校
　　　　　南京高等职业技术学校
　　　　　四川建筑职业技术学院
　　　　　内蒙古职业技术学院
　　　　　山西建筑职业技术学院
　　　　　重庆建筑职业技术学院
策　　划：北京和易空间文化有限公司

# 前　言

"全国高等院校土建类应用型规划教材"是依据我国现行的规程规范，结合院校学生实际能力和就业特点，根据教学大纲及培养技术应用型人才的总目标来编写。本教材充分总结教学与实践经验，对基本理论的讲授以应用为目的，教学内容以必需、够用为度，突出实训、实例教学，紧跟时代和行业发展步伐，力求体现高职高专、应用型本科教育注重职业能力培养的特点。同时，本套书是结合最新颁布实施的《建筑工程施工质量验收统一标准》（GB50300—2013）对于建筑工程分部分项划分要求，以及国家、行业现行有效的专业技术标准规定，针对各专业应知识、应会和必须掌握的技术知识内容，按照"技术先进、经济适用、结合实际、系统全面、内容简洁、易学易懂"的原则，组织编制而成。

考虑到工程建设技术人员的分散性、流动性以及施工任务繁忙、学习时间少等实际情况，为适应新形势下工程建设领域的技术发展和教育培训的工作特点，一批长期从事建筑专业教育培训的教授、学者和有着丰富的一线施工经验的专业技术人员、专家，根据建筑施工企业最新的技术发展，结合国家及地方对于建筑施工企业和教学需要编制了这套可读性强，技术内容最新，知识系统、全面，适合不同层次、不同岗位技术人员学习，并与其工作需要相结合的教材。

本教材根据国家、行业及地方最新的标准、规范要求，结合了建筑工程技术人员和高校教学的实际，紧扣建筑施工新技术、新材料、新工艺、新产品、新标准的发展步伐，对涉及建筑施工的专业知识，进行了科学、合理的划分，由浅入深，重点突出。

本教材图文并茂，深入浅出，简繁得当，可作为应用型本科院校、高职高专院校土建类建筑工程、工程造价、建设监理、建筑设计技术等专业教材；也可作为面向建筑与市政工程施工现场关键岗位专业技术人员职业技能培训的教材。

# 目　　录

# 第一章　建筑给水系统

从室外第一个水表井或接管点算起向室内延伸,称为建筑给水,也称室内给水。包括生活给水系统、生产给水系统、消防给水和热水供应系统等。其任务就是选择经济、合理、安全、卫生、适用的先进给水系统,将水自城镇给水管网(或热力管网)通过管道输送至室内到生活、生产和消防用水设备处,并满足各用水点(配水点)对水质、水量、水压的要求。

## 第一节　建筑给水系统的分类及组成

### 一、建筑给水系统的分类

建筑给水系统按供水对象可分为生活、生产和消防三类基本的给水系统。

1. 生活给水系统。为满足民用建筑和工业建筑内的饮用、盥洗、洗涤、淋浴等日常生活用水需要所设的给水系统,称为生活给水系统,其水质必须满足国家规定的生活饮用水水质标准。生活给水系统的主要特点是用水量不均匀、用水有规律性。

2. 生产给水系统。为满足工业企业生产过程用水需要所设的给水系统,称为生产给水系统,如锅炉用水、原料产品的洗涤用水、生产设备的冷却用水、食品的加工用水、混凝土加工用水等。生产给水系统的水质、水压因生产工艺不同而异,应满足生产工艺的要求。生产给水系统的主要特点是用水量均匀、用水有规律性、水质要求差异大。

3. 消防给水系统。为满足建筑物扑灭火灾用水需要而设置的给水系统,称为消防给水系统。消防给水系统对水质的要求不高,但必须根据《建筑设计防火规范》要求,保证足够的水量和水压。消防给水系统的主要特点是对水质无特殊要求、短时间内用水量大、压力要求高。

生活、生产和消防这三种给水系统在实际工程中可以单独设置,也可以组成共用给水系统,如生活—生产共用的系统、生活—消防共用的给水系统、生活—生产—消防共用的给水系统等。

采用何种系统,通常根据建筑物内生活、生产、消防等各项用水对水质、水量、水压、水温的要求及室外给水系统的情况,经技术、经济比较后确定。

## 二、建筑给水系统的组成

建筑给水系统的组成如图 1-1 所示。

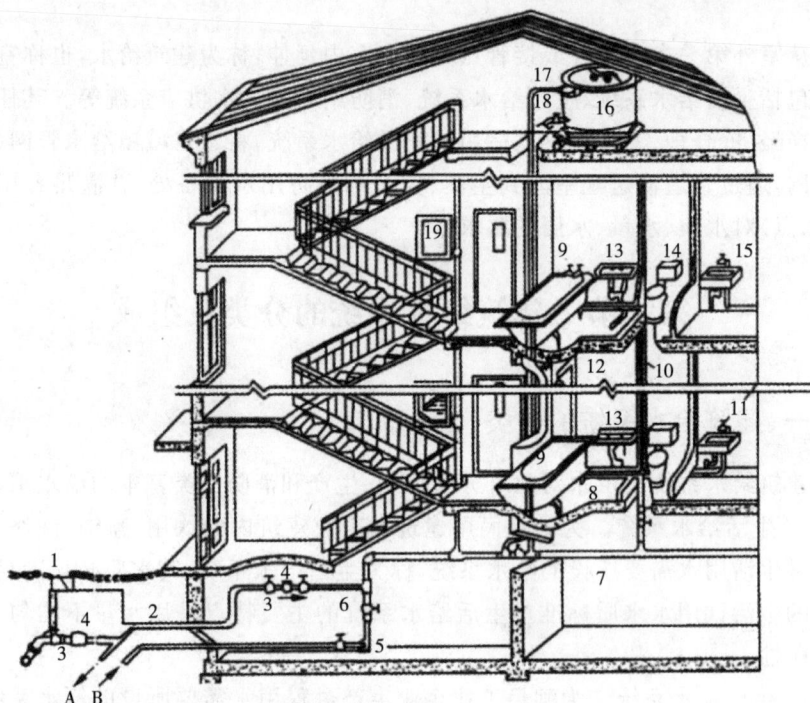

**图 1-1 室内给水系统图**

1-阀门井;2-引入管;3-闸阀;4-水表;5-水泵;6-止回阀;7-干管;8-支管;9-浴盆;10-立管;11-水龙头;

12-淋浴器;13-洗脸盆;14-大便器;15-洗漱盆;16-水箱;17-进水管;18-出水管;19-消火栓;

A-入储水池;B-来自储水池

(1)引入管指穿越建筑物承重墙或基础的管道,是室外给水管网与室内给水管网之间的联络管段,也称进户管,如图 1-2 所示。

根据建筑特点,引入管引入室内的位置有以下不同:

1)用水点分布不均匀——宜从建筑物用水量最大处和不允许断水处引入。

2)用水点分布均匀——从建筑的中间引入。

3)一般设 1 条引入管;当不允许断水或消火栓数大于 10 个时,从建筑不同侧引入 2 条,同侧引入时,间距大于 15m。

(2)水表结点指装设在引入管上的水表及其前后的闸门、泄水装置等。

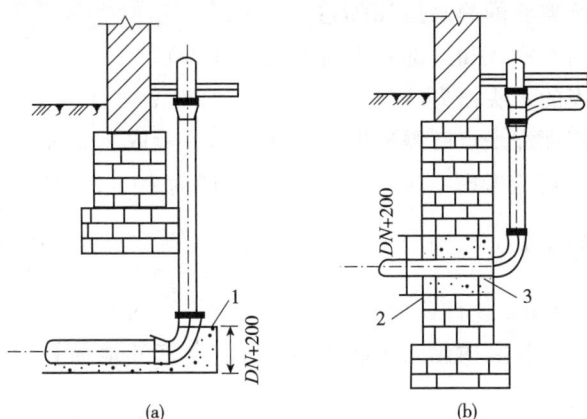

**图 1-2  引入管进建筑物**

(a)从基础中穿过；(b)从浅基础下穿过

1-C5.5 混凝土支座；2-黏土；3-M5 水泥砂浆封口

(3)管网系统指室内给水水平管或垂直干管、立管、支管等。

(4)给水附件指给水管路上的阀门、止回阀及各种配水龙头。

(5)升压和储水设备在室外给水管网压力不足或室内对安全供水、水压稳定有要求时，需设置各种附属设备，如水箱、水泵、气压给水装置、水池等升压和储水设备。

(6)消防给水设备按照建筑物的防火要求及规范，需要设置消防给水时，配置有消火栓、自动喷水灭火设备等装置。

# 第二节  建筑给水系统的给水压力

## 一、水压计算

建筑给水系统应保证将所需的水量输送到建筑物的最不利配水点。所谓最不利配水点就是系统内所需水压最大的配水点，通常位于系统最高、最远点，并保证有足够的流出水头，如图 1-3 所示。

建筑物内的给水系统所需的水压（自室外引入管起点管中心标高算起）可由式(1-1)计算：

$$H = H_1 + H_2 + H_3 + H_4 \qquad (1-1)$$

式中：$H$——室内给水管网所需的水压(kPa)；

$H_1$——引入管起点至最不利配水点位置高

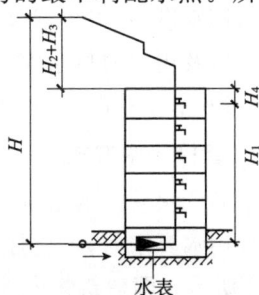

**图 1-3  建筑给水系统所需压力**

度所需要的静水压(kPa);

$H_2$——管网内沿程和局部水头损失之和(kPa);

$H_3$——水表的水头损失(kPa);

$H_4$——最不利配水点所需流出水头(kPa),一般取20kPa。

在有条件时,还应考虑一定的富裕水头(一般为10~30kPa)。

## 二、水压估算

在方案制作或初步设计阶段,初定生活给水系统的给水方式时,对层高不超过3.5m的民用建筑,室内给水系统所需压力(自室外地面算起),可用经验法估算:

1层为100kPa;2层为120kPa;3层及以上每增加1层,水压增加40kPa,即采用式(1-2)计算:

$$H=120+40\times(n-2) \tag{1-2}$$

式中:$n$——楼层数;

$H$——室内给水系统所需总水压(kPa);

适用条件:层高<3.5m的民用建筑,其他层高需折算成3m计算。

估算值是指从室外地面算起的最小压力保证值,没有计入室外干管的埋深,也未考虑消防用水;适用于房屋引入管、室内管路不太长和流出水头不太大的情况;当室内管道比较长,或层高超过3.5m时,应适当增加估算值。

确定供水方案之前,除了估算建筑物所需的水压,还必须了解外网所能提供的供水压力。不论采用以上哪一种方法,都要考虑到可能出现的最低和最高水压值,以及将来有可能因用水量增大而导致水压下降等因素。

# 第三节　建筑给水系统的给水方式

建筑给水方式是建筑给水系统的供水方案。是根据建筑物的性质、高度、建筑物内用水设备、卫生器具对水质、水压和水量的要求和用水点在建筑物内的分布情况以及用户对供水安全、可靠性的要求等因素,结合室外管网所能提供的水质、水量和水压情况,经技术经济比较综合评判后而确定的给水系统布置形式。

## 1. 直接给水方式

室外给水管网的水量、水压在一天的任何时间内均能满足建筑物内最不利配水点用水要求时,不设任何调节和增压设施的给水方式称为直接给水方式,如图1-4所示。即建筑物内部给水系统直接在室外管网压力的作用下工作,这是最简单的给水方式。

这种给水方式的优点是给水系统简单,投资省,安装维修方便,可充分利用室外管网的水压,节约能源;缺点是系统内无调节、无储备水量,外部给水管网停水时,内部给水管网也随即断水,影响使用。适用于室外给水管网的水量、水压全天都能满足用水要求的建筑。

### 2. 单设水箱的给水方式

室外管网在一天中的某个时刻有周期性的水压不足,或者室内某些用水点需要稳定压力的建筑物可设屋顶水箱。当室外管网压力大于室内管网所需压力时(一般在夜间),水进入屋顶水箱,此时水箱储水;当室外管

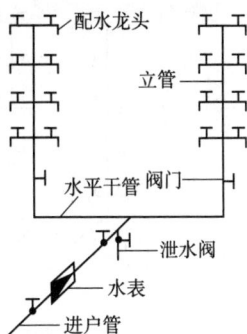

图 1-4 直接给水方式

网压力不足,不能满足室内管网所需压力时(一般在白天),此时水箱便供水。

这种供水方式适用于多层建筑,下面几层与室外给水管网直接连接,利用室外管网水压供水,上面几层则靠屋顶水箱调节水量和水压,由水箱供水(图 1-5)。

这种给水方式的特点是水箱储备一定量的水,在室外管网压力不足时不中断室内用水,供水较可靠,且充分利用室外管网水压,节省能源,安装和维护简单,投资较省。但需设高位水箱,增加了结构荷载,并给建筑立面处理带来一定的难度;若管理不当,水箱的水质易受到污染。

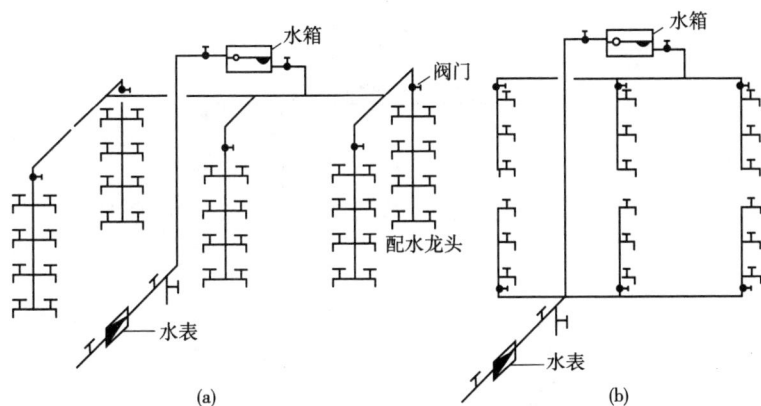

图 1-5 单设水箱的给水方式

### 3. 单设水泵的给水方式

当室外管网水压经常性不足时,水泵向室内给水系统供水的给水方式,如图 1-6 所示。当室内用水量大而且均匀时,可用恒速水泵供水;室内用水量不均匀时,宜采用一台或者多台变速水泵运行,以提高水泵的工作效率,降低电耗。为充分利用室外管网的压力,节约电能,当水泵与室外管网直接连接时,应设旁通管,并征得供水部门的同意。以避免水泵直接从室外管网抽水而造成室外管网

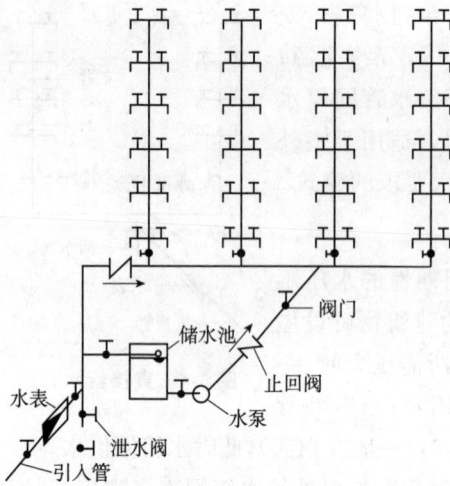

图 1-6 单设水泵的给水方式

压力大幅度波动,影响其他用户用水。设置贮水池时也一定要防止二次污染。

一般情况下,应在系统中设置贮水池,采用水泵与室外管网间接连接的方式。

这种供水方式的优点是系统简单,供水可靠,无高位水箱荷载,维护管理简单,经常运行费用低;缺点是系统内无调节,对动力保证要求较高,能源消耗高;当采用变频调速技术时,一次性投入较高,维护也相对复杂。

### 4. 水泵和水箱联合给水方式

当允许水泵直接从室外管网抽水时,且室外给水管网的水压低于或周期性低于建筑物内部给水管网所需水压,而且建筑物内部用水量又很不均匀时,宜采用水箱和水泵联合给水方式,如图 1-7 所示。

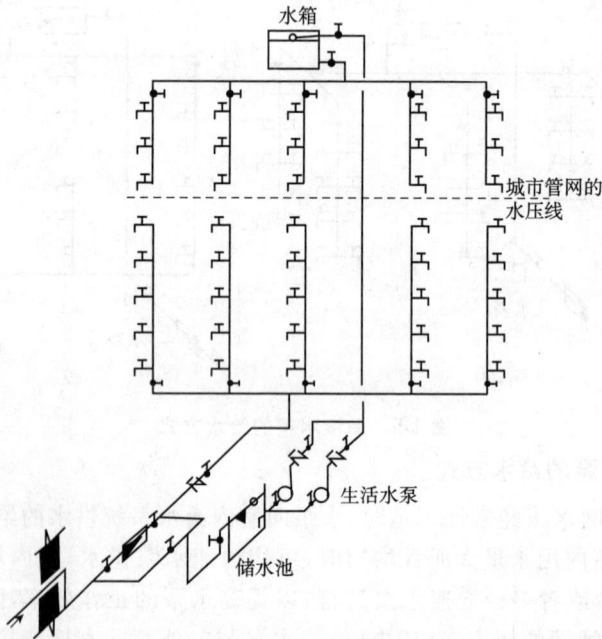

图 1-7 水泵和水箱联合给水方式

这种给水方式由于水泵可及时向水箱充水,使水箱容积大为减小;又因为水箱的调节作用,水泵的出水量稳定,可以使水泵在高效率下工作。水箱如采用自动液位控制(如水位继电器等装置),可实现水泵启闭自动化。因此,这种方式技术上合理、供水可靠,虽然费用较高,但其长期运行效果是经济的。

### 5. 气压给水方式

气压给水是利用密闭压力容器内空气的可压缩性,储存、调节和压送水量的给水装置,其作用相当于高位水箱和水塔,如图1-8所示。

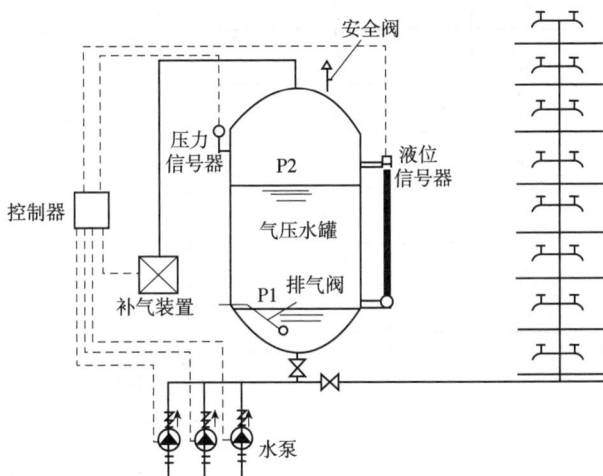

**图1-8 气压给水方式**

水泵从贮水池或室外给水管网抽水,加压后送至供水系统和气压罐内;停泵时,由气压罐向室内给水系统供水。气压罐具有调节、储存水量并控制水泵运行的功能。

这种给水方式的优点是设备可设在建筑物的任何位置,便于隐藏,水质不易受污染,投资省,建设周期短,便于实现自动控制等;缺点是给水压力波动较大,管理及运行费用较高,而且可调节性较小。适用于室外管网水压经常性不足,不宜设置高位水箱或水塔的建筑(如隐蔽的国防工程、地震区建筑、建筑艺术要求较高的建筑等)。

### 6. 分区给水方式

建筑物层数较多或高度较大时,室外管网的水压只能满足较低楼层的用水要求,而不能满足较高楼层用水要求,见图1-9。

这种给水方式将建筑物分成上下两个供水区(若建筑物层数较多,可以分成两个以上的供水区域),下区直接在城市管网压力下工作,上区由水箱、水泵联合供水。

这种给水方式适用于多层、高层建筑中,室外给水管网提供的水压能满足建筑下层用水要求,此方式对低层设有洗衣房、澡堂、大型餐厅和厨房等用水量大设施的建筑物尤其有经济意义。

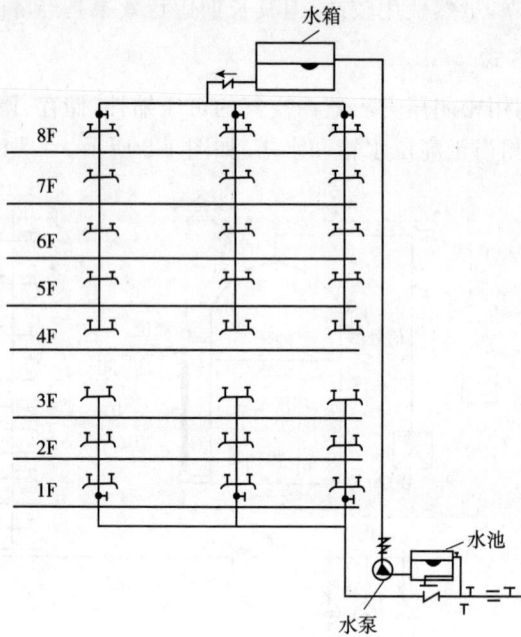

图 1-9　分区给水方式

### 7. 分质给水方式

根据不同用途所需的不同水质,分别设置独立的给水系统。图 1-10 所示为饮用水和杂用水分质给水系统,一套系统是由市政提供的自来水为生活饮用水,输送到生活饮用水的用水点;另一套系统是将自来水在水处理装置中进行处理,

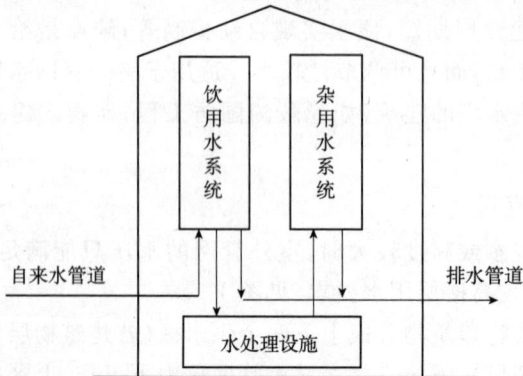

图 1-10　分质给水方式

成为杂用水水源,然后由杂用水管道输送到杂用水用水点。

# 第四节 高层建筑给水方式

## 一、高层建筑给水系统的特点

当建筑物的高度很高时,如果给水只采用一个区供水(一般要设置高位水箱),则下层的给水压力过大,会带来许多不利之处。

又因为高层建筑层数多,高度大及卫生器具多等特点,要求高层建筑生活给水系统应分区配水,这样可减少系统水压过大而带来的许多不利因素,如配件易损,影响正常配水,流速过大引起噪声和振动,使室内环境不安静等。还会带来下列不利影响:

(1)水龙头开启,水成射流喷射,影响使用;

(2)由于压力过高,水龙头、阀门、浮球阀等器材磨损迅速,寿命缩短,漏水增加,检修频繁;

(3)下层水龙头的流出水头过大,如不减压,其出流量比设计流量大得多,使管道内流速增加,以致产生流水噪声、振动噪声,并使顶层水龙头产生负压抽吸现象,形成回流污染;

(4)由于压力过大,容易产生水锤及水锤噪声;

(5)维修管理费用和水泵运转电费增高。

## 二、高层建筑供水方式

为了消除或减少上述弊端,高层建筑达到某一高度时,其给水系统必须作竖向分区,每个分区负担的楼层数一般为 10~12 层。在分区确定以后,经济合理地确定供水方式。

### 1. 高层建筑给水竖向分区

为减少管道系统的静水压力及管中水击压力,延长给水附件的使用年限,高层建筑给水应竖向分区,根据使用要求、设备材料性能、维护管理条件、建筑层数和室外给水管网水压等合理确定。一般管网中最不利点卫生器具给水配件处的静水压力宜控制在以下范围内:

(1)各分区最低处卫生器具配水点处的静水压力不宜大于 0.45MPa,特殊情况下不宜大于 0.15MPa。

(2)水压大于 0.35MPa 的入户管(或配水横管),宜设减压或调节设施。

(3)各分区最不利配水点的水压,应满足用水水压要求。

（4）建筑高度不超过 100m 的建筑生活给水系统，宜采用垂直分区并联供水或分区减压的供水方式。建筑高度超过 100m 的建筑，宜采用垂直串联供水方式。

因此，一般在层高 3.5m 以下建筑，以 10～12 层作为一个供水分区为宜。竖向分区的供水方式有并联、串联和分区减压等多种形式，设计时可根据工程具体情况选用。

### 2. 高位水箱供水方式

这种供水方式又可分并列供水方式、串联供水方式。

（1）高位水箱并联供水方式是在各分区内独立设置水箱和水泵，且水泵集中设置在建筑底层或地下室，分别向各区供水，如图 1-11 所示。

这种供水方式的优点是各区为独立供水系统，互不影响，供水安全可靠；水泵集中布置，维护管理方便。其缺点是水泵出水高压管线长，投资费用增加；分区水箱占建筑楼层若干面积，影响建筑房间的布置，减少房间面积。

（2）高位水箱串联供水方式为水泵分散设置在各区的设备层中，自下区水箱抽水供上区用水，如图 1-12 所示。

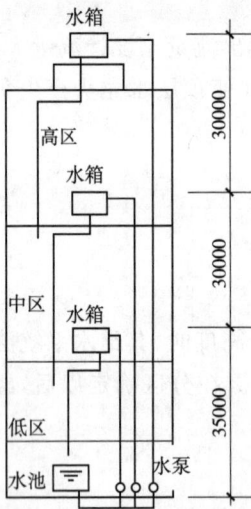

图 1-11 并联供水方式    图 1-12 串联供水方式

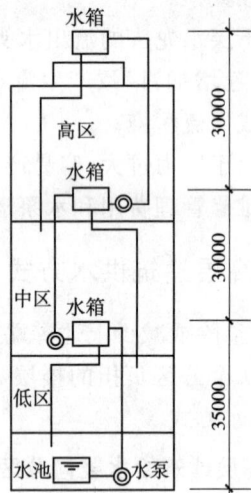

这种供水方式的优点是设备与管道较简单，投资较节约，能源消耗较小。它的缺点是水泵分散设置，管理维护不便，且连同水箱所占设备层面积较大；水泵设在设备层，防震隔音要求高；若下区发生事故，其上部数区供水受影响，供水可靠性差。

### 3. 减压水箱供水方式

减压水箱供水方式为整个高层建筑的用水量全部由设置在地下底层的水泵

提升至屋顶总水箱,然后再分送至各分区水箱,分区水箱起减压作用,如图 1-13 所示。

这种供水方式的优点是水泵数量最少,设备费用降低,管理维护简单;水泵房面积小,各分区减压水箱调节容积小。它的缺点是水泵运行动力费用高;屋顶总水箱容积大,对建筑的结构和抗震不利;建筑物高度较高分区较多时,下区减压水箱中浮球阀承压过大,造成关不严或经常维修;供水可靠性差。

#### 4. 减压阀供水方式

减压阀供水方式是目前我国实际工程中较多采用的一种方式,它的原理与减压水箱供水方式相同,不同处是以减压阀来代替减压水箱,如图 1-14 所示。其最大优点就是减压阀不占楼层面积使建筑面积发挥最大的经济效益;其缺点是水泵运行费用较高。

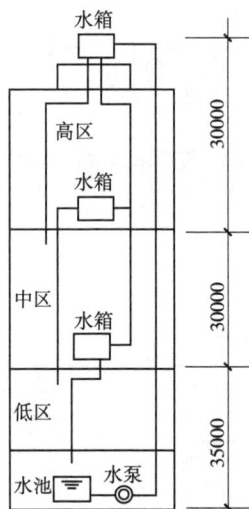

图 1-13 减压水箱供水方式

图 1-14 减压阀给水方式

#### 5. 气压罐供水方式

气压罐供水方式有两种形式:气压罐并列供水方式(图 1-15)和气压罐减压阀供水方式(图 1-16)。其优点是不需要高位水箱,不占高层建筑上层面积。其缺点是运行费用较高,气压罐贮水量小,水泵启闭频繁,水压变化幅度大。

#### 6. 无水箱供水方式

近年来,国外不少大型高层建筑采用无水箱的变速水泵供水方式,根据给水系统中用水量情况自动改变水泵的转速,使水泵经常处于较高效率下的工作状态。其最大优点是省去高位水箱,把水箱所占的建筑面积改为房间,增加了房间使用率。其缺点是需要一套价格较贵的变速水泵及其自动控制设备,且维修较复杂。

图 1-15　气压水箱并列给水方式

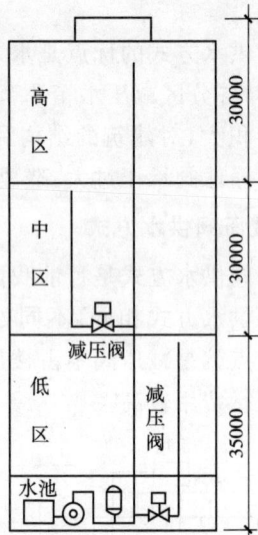

图 1-16　气压水箱减压给水方式

## 三、高层建筑给水方式比较

高层建筑各种给水方式的定性比较见表 1-1。

表 1-1　高层建筑给水方式比较

| 类型 | 供水方式 | 水泵扬水功率(%) | 设备费 | 运行动力费 | 占用建筑面积 | 管理方便程度 |
|---|---|---|---|---|---|---|
| 高位水箱供水方式 | 并列供水方式 | 100 | 一般 | 低 | 较大 | 方便 |
| | 串联供水方式 | 100 | 一般 | 低 | 大 | 一般 |
| | 减压水箱供水方式 | 165 | 低 | 较高 | 较大 | 方便 |
| | 减压阀供水方式 | 165 | 较高 | 较高 | 较小 | 方便 |
| 气压水箱供水方式 | 气压水箱并列供水方式 | 134 | 较高 | 较小 | 一般 | |
| | 气压水箱减压阀供水方式 | 221 | 较高 | 较小 | 一般 | |
| 无水箱供水方式 | 并列供水方式 | 125 | 高 | 一般 | 小 | 一般 |
| | 减压阀供水方式 | 207 | 高 | 高 | 小 | 一般 |

# 第五节　建筑给水系统管网的布置

室内给水管道的布置与建筑物的性质,建筑物的外形、结构状况、卫生器具和生产设备布置情况以及所采用的给水方式等因素有关,并应充分考虑利用室外给水管网的压力。

管道布置时应力求长度最短,尽可能呈直线走向,沿墙、梁、柱平行敷设,既经济又合理兼顾美观,并考虑施工、检修、维护方便。

## 一、布置形式

**1. 按照水平干管的敷设位置,可以布置成上行下给式、下行上给式和中分式。**

(1)上行下给式(图 1-17)。水平配水干管敷设在顶层顶棚下或吊顶内,设有高位水箱的居住建筑、公共建筑及机械设备、地下管线较多的工业厂房,多采用这种方式。

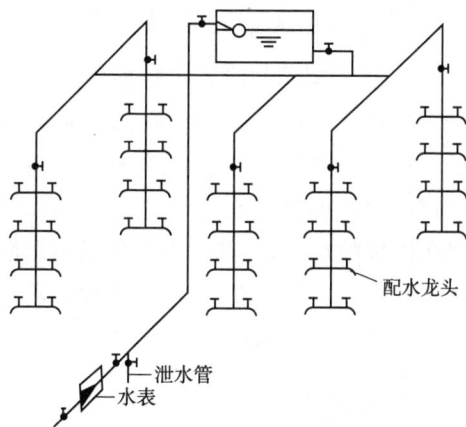

**图 1-17　上行下给式**

(2)下行上给式(图 1-18)。水平配水干管敷设在底层(明装、暗装或沟敷)或地下室顶棚下,居住建筑、公共建筑和工业建筑在用外网水压直接供水时,多采用这种方式。

(3)中分式(图 1-19)。水平干管设在建筑物的中层走廊内(或中层的楼板下),分别向上、向下供水。适用于直接给水方式。

**2. 按供水可靠程度可分为枝状和环状(图 1-20)两种形式。**

(1)枝状单向供水,供水安全可靠性差,但节省管材、造价低。

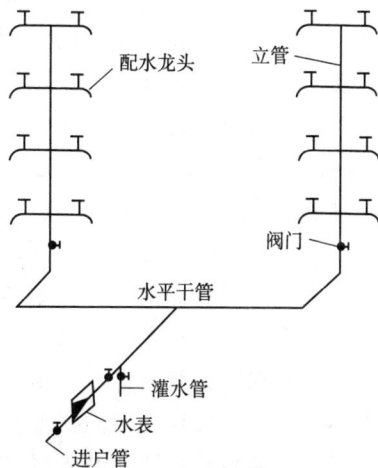

**图 1-18　下行上给式**

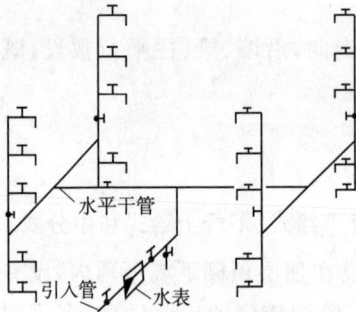

图 1-19 中分式

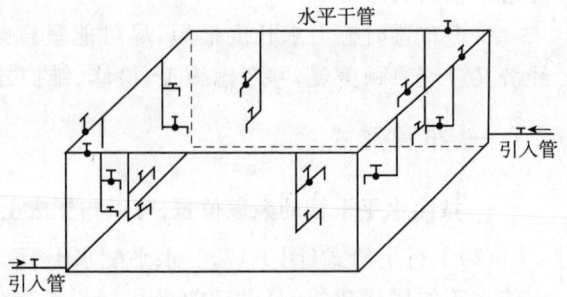

图 1-20 环状管网

（2）环状管道相互连通，双向供水，安全可靠，但管线长、造价高。

**3. 按管道是否隐蔽，可分为明装和暗装两种形式。**

（1）明装，即管道外露安装，其优点是安装维修方便、造价低，但外露的管道影响美观，表面易结露、积尘，一般用于对卫生、美观没有特殊要求的建筑。

（2）暗装，即管道隐蔽安装，如敷设在管道井、技术层、管沟、沟槽、顶棚或夹壁墙中，直接埋地或埋在楼板的垫层里，其优点是管道不影响室内的美观、整洁，但施工复杂、维修困难、造价高，适用于对卫生、美观要求较高的建筑（如宾馆、高级公寓）和要求洁净、无尘的车间、试验室、无菌室等。

## 二、引入管和水表节点的布置

### 1. 引入管布置

引入管自室外管网将水引入室内，铺设时常与外墙垂直，其位置要结合室外给水管网的具体情况，由建筑物用水量最大处接入。在选择引入管的位置时，应考虑便于水表安装与维修，同时要注意与其他地下管线保持一定的距离。

一般的建筑物设一根引入管，单向供水。对不允许间断供水、用水量大、设有消防给水系统的大型或多层建筑，应设两条或两条以上引入管，并应由城市环状管网的不同侧引入；如不可能时，也可由同侧引入，但两条引入管间距离不得小于 10m，并应在两接点间设置阀门，如图 1-21 所示。

引入管的埋设深度主要根据城市给水管网及当地的气候、水文地质条件和地面的荷载而定。在寒冷地区，引入管应埋在冰冻线以下 0.2m 处。

生活给水引入管与污水排出管管外壁的水平距离不宜小于 1.0m，引入管应有不小于 0.003 的坡度坡向室外给水管网。

引入管穿越承重墙或基础时，应注意管道保护。如果基础埋深较浅时，则管道可以从基础底部穿过；如果基础埋深较深，则引入管将穿越承重墙或基础本体

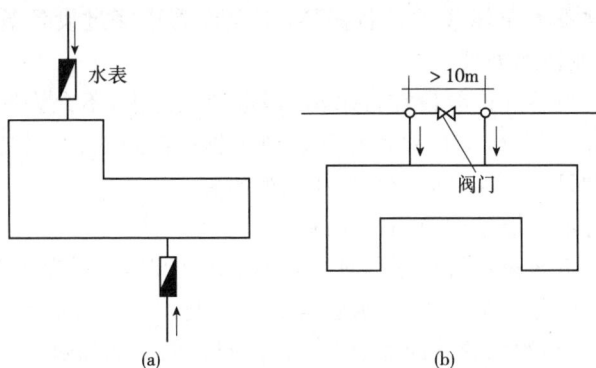

**图 1-21 引入管引入**

(a)引入管不同侧引入;(b)引入管同侧引入

(图 1-22),此时应预留洞口,管顶上部净空高度一般不小于 0.15m。

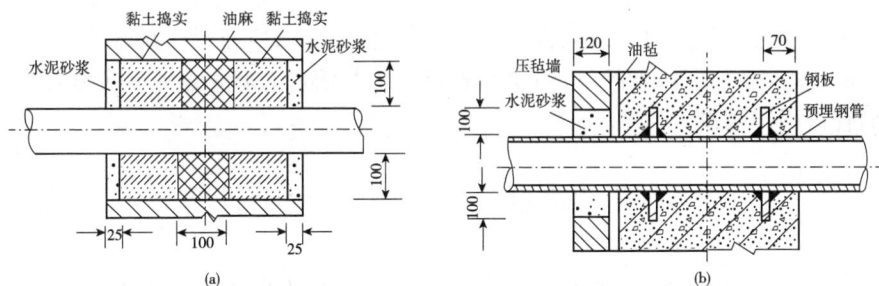

**图 1-22 引入管穿过基础剖面图**

(a)穿过砖墙;(b)穿过混凝土基础

### 2. 水表节点的布置

必须单独计量水量的建筑物,应从引入管上装设水表。为检修水表方便,水表前应设阀门,水表后可设阀门、止回阀和放水阀。对因断水而影响正常生产的工业企业建筑物,只有一条引入管时,应绕水表设旁通管。

水表结点在我国南方地区可设在室外水表井中,井外皮距建筑物外墙 2m以上;在寒冷地区常设于室内的供暖房间内。

### 三、给水干管布置

给水干管应尽量靠近用水量大的设备处或不允许间断供水的用水处,以保证供水可靠,并减少管道传输流量,使大口径管道长度最短。工厂车间内的给水管道架空布置时,应不妨碍生产操作及、车间内的交通运输,不允许把管道布置在遇水能引起爆炸、燃烧或损坏原料、产品和设备的上面。管道直埋地下时,应采取措施避免被重物压坏或被设备振坏,不允许管道穿过设备基础;特殊情况下,应同有关专业协商处理。

室内给水管道不允许敷设在排水沟、烟道和风道内,不允许穿过大小便槽、橱窗、壁柜、木装修等处,应尽量避免穿过建筑物的沉降缝、伸缩缝和防震缝(简称建筑三缝),如果必须穿过时应采取相应的措施。

引入管穿过承重墙基础应预留孔洞尺寸,见表1-2。

建筑给水管道与排水管道平行埋设和交叉埋设时,管外壁的最小距离分别为 0.5m 和 1.5m;交叉埋设时,给水管应布置在排水管上方;当地下管道较多,敷设有困难时,可在给水管外面加设套管后从排水管下面通过。

**表 1-2　引入管穿过承重墙基础预留孔洞尺寸规格**

| 管径 DN(mm) | ≤50 | 50～100 | 125～100 |
|---|---|---|---|
| 孔洞尺寸(mm) | 200×200 | 300×300 | 400×400 |

给水管道可与其他管道同沟或共架敷设,但给水管应布置在排水管、冷冻管的上面,热水管和蒸汽管的下面;给水管道不宜与输送易燃易爆或有害气体和液体的管道同沟敷设。

# 第六节　建筑给水系统的水力计算

建筑物的用水量应视用水性质而定。生产用水要根据生产工艺过程、设备情况、产品性质、地区条件等因素确定,计量方法可按消耗在单位产品的水量计算,也按单位时间内消耗在生产设备上的用水量计算。生活用水则要满足生活上的各种需要所消耗的用水,其水量要根据建筑物内卫生设备的完善程度、气候、使用者的生活习惯、水价等因素确定。

## 一、建筑用水量计算

### 1. 用水定额

用水定额是指在某一度量单位内(单位时间、单位产品)被居民或其他用水者所消耗的水量。建筑物不同,卫生设备的完善程度不同,其用水量的标准也不相同,"住宅生活用水量标准"、"集体宿舍、旅馆和公共建筑生活用量标准"详见附表 1 和附表 2。

在给水系统中,除了用到用水量标准外,还要考虑用户在一天 24h 内用水量的变化情况,即用"小时变化系数"$K_h$ 来表示

$$K_h = \frac{最高日最大时用水量}{最高日平均时用水量} \tag{1-3}$$

## 2. 用水量计算

（1）最高日用水量

建筑物内生活用水的最高日用水量按下式计算：

$$Q_d = m \times q_d \qquad (1-4)$$

式中：$Q_d$——最高日用水量，L/d；

$m$——用水单位数（人或床位等，工业企业建筑为班人数

$q_d$——最高日生活用水定额，L/（人·d）、L/（床·d）、L/（人·班）。

（2）最大时用水量

最大时用水量按下式计算：

$$Q_h = K_h \frac{Q_d}{T} \qquad (1-5)$$

式中：$Q_h$——最大小时用水量，L/h；

$T$——建筑物内每日用水时间，h；

$K_h$——小时变化系数，即最大时用水量和平均时用水量之比。

用最高日最大时用水量确定水箱、贮水池容积和水泵出水量，适用于街坊、厂区和居住区室外给水管网的设计计算。因为室外管网服务面积大，卫生器具数量及使用人数多，用水时间参差不一，所以用水不会太集中而相对比较均匀。而对于单栋建筑物，由于用水的不均匀性较大，按室外给水管网的设计计算方法所得结果难以满足使用要求。因此，对于建筑物内部给水管道的计算，需要建立设计秒流量的计算公式。

## 二、设计秒流量计算

在建筑物中，用水情况在一昼夜间是不均匀的，并且"逐时逐秒"地在变化。因此，在设计室内给水管网时，必须考虑这一因素，以求得最不利时刻的最大用水量，这就是管网计算中所需要的设计秒流量。

设计秒流量是根据建筑物内的卫生器具类型、数目和这些器具的使用情况来确定的。为了计算方便，引用"卫生器具当量"这一概念，即以污水盆上支管直径为15mm的水龙头的额定流量0.2L/s作为一个当量值，其他卫生器具的额定流量均以它为标准折算成当量值的倍数，即"当量数"。

附表3列出各种卫生器具给水的额定流量、当量、支管管径和流出水头值。

### 1. 住宅生活给水设计秒流量计算

住宅建筑的生活给水管道的设计秒流量应按下式计算：

$$q_g = 0.2UN_g(\text{L/s}) \qquad (1-6)$$

式中：$q_g$——计算管段设计秒流量，L/s；

$U$——计算管段的卫生器具给水当量同时出流概率,%;

$N_g$——计算管段的卫生器具给水当量总数。

为了计算快速、方便,已知了住宅的类型后,可查表 1-3,得住宅卫生器具给水当量最大用水时平均出流概率 $U_0$(%);根据管段的 $U_0$ 和 $N_g$ 值从附表 4 中直接查得 U 值,代入公式(1-6),计算出给水设计秒流量 $q_g$。

表 1-3　住宅卫生器具给水当量最大用水时平均出流概率参考值(%)

| 建筑物性质 | 普通住宅 | | | 别墅 |
|---|---|---|---|---|
| | Ⅰ | Ⅱ | Ⅲ | |
| $U_0$ 参考值 | 3.0~4.0 | 2.5~3.5 | 2.0~2.5 | 1.5~2.0 |

该类建筑的生活给水管道的设计秒流量可按下式计算:

**2. 宿舍(Ⅰ、Ⅱ类)、旅馆、宾馆、医院、疗养院、幼儿园、养老院、办公楼、商场、客运站、会展中心、酒店式公寓、中小学教学楼、公共厕所等建筑的生活给水管道的设计秒流量计算**

该类建筑的生活给水管道的设计秒流量可按下式计算:

$$q_g = 0.2\alpha \sqrt{N_g} \tag{1-7}$$

式中:$q_g$——计算管段的设计秒流量,L/s;

$N_g$——计算管段的卫生器具当量数;

$\alpha$——根据建筑物用途而定的系数。按表 1-4 选用。

表 1-4　根据建筑物用途而定的系数值

| 建筑物名称 | $\alpha$ 值 | 建筑物名称 | $\alpha$ 值 |
|---|---|---|---|
| 幼儿园、托儿所 | 1.2 | 学校 | 1.8 |
| 门诊部、诊疗所 | 1.4 | 医院、疗养院、休养所 | 2.0 |
| 办公楼、商场 | 1.5 | 宿舍(Ⅰ、Ⅱ类)、旅馆、招待所、宾馆 | 2.5 |
| 图书馆 | 1.6 | 客运站、会展中心、航站楼、公共厕所 | 3.0 |
| 书店 | 1.7 | | |

使用公式(1-7)时应注意:

(1)计算出来的流量值小于该管段上最大一个卫生器具的给水额定流量时,应采用最大一个卫生器具的额定流量作为设计秒流量;

(2)如计算值大于该管段上所有卫生器具给水额定流量的叠加值时,应以叠加值作为设计秒流量;

(3)有大便器延时自闭冲洗阀的给水管段,大便器延时自闭冲洗阀的给水当量均以 0.5 计,计算得到 $q_g$ 附加 1.10L/s 的流量后,为该管段的给水设计秒流量。

（4）综合性建筑的 $\alpha_z$ 值应按下式计算：

$$\alpha_z = \frac{\alpha_1 N_{g1} + \alpha_2 N_{g2} + \cdots + \alpha_n N_{gn}}{N_{g1} + N_{g2} + \cdots + N_{gn}} \tag{1-8}$$

式中：　　　　　　　$\alpha_z$——综合性建筑总的秒流量系数；

$N_{g1}, N_{g2}, \cdots, N_{gn}$——综合性建筑内各类建筑的卫生器具的给水当量数；

$\alpha_1, \alpha_2, \cdots, \alpha_n$——相当于 $N_{g1}, N_{g2}, \cdots, N_{gn}$ 时的设计稍流量系数。

**3. 工业企业生活间、公共浴室、洗衣房、公共食堂、实验室、影剧院、体育场等建筑生活给水设计秒流量计算**

该类建筑生活给水秒流量可按下式计算：

$$q_g = \sum q_0 n_0 b \tag{1-9}$$

式中：$q_g$——计算管段的给水流量（L/s）；

$q_0$——同类型一个卫生器具的给水额定流量（L/s）；

$n_0$——同类型卫生器具数；

$b$——卫生器具的同时给水百分数（按附表 5 采用）。

## 三、管道水力计算

室内给水管道水力计算的目的，在于确定给水管道各管段的管径，求得通过设计秒流量时造成的水头损失，复核室外给水管网水压是否满足使用要求，选定加压装置所需扬程和高位水箱高度。

### 1. 管径确定

已知管段设计秒流量，可按下式计算：

$$q = v\omega = \frac{\pi}{4} d^2 v \tag{1-10}$$

$$d = 2\sqrt{\frac{q}{\pi v}} \tag{1-11}$$

式中：$q$——管段设计秒流量（$m^3/s$）；

$v$——管内水流速度（m/s）；

$\omega$——管段过水断面积（$m^2$）；

$d$——管径（m）。

根据式(1-10)、式(1-11)，当管段设计秒流量算出后，只要确定流速，即可求得管径。

室内给水管道的设计流速可按下述数值选取：生活或生产管道内的流速不宜大于 2.0m/s；立管、支管内的流速一般应为 1.0～1.8m/s；连接卫生器具的支管流速为 0.6～1.2m/s；消防给水管道的流速，消火栓系统不宜大于 2.5m/s；自动喷水灭火系统不宜大于 5.0m/s。

对于一般建筑,还可以根据管道所担负的卫生器具当量数,按表 1-5 初步确定管径。

表 1-5　按卫生器具当量数确定管径

| 管径(mm) | 15 | 20 | 25 | 32 | 40 | 50 | 70 |
|---|---|---|---|---|---|---|---|
| 卫生器具当量数 | 3 | 6 | 12 | 20 | 30 | 50 | 75 |

### 2. 水头损失计算

室内给水排水管网在正常使用时总是充满着具有一定压力的水,水在流动过程中所表现出的复杂性,在一定程度上是由于其具有水头损失。水头损失是指水在流动过程中,单位重量的水为克服各种阻力所消耗的能量。如图 1-23 中,当水流动时,管道设置的各测压管水位高依次下降,表明水在克服各种阻力流动,测压管中水位下降的程度反映了水头损失的大小。若此时将管道上的阀门关闭,除测压管 5 以外,其余测压管及容器内的水位趋于一致。可见,只有当水流动时,才具有水头损失。

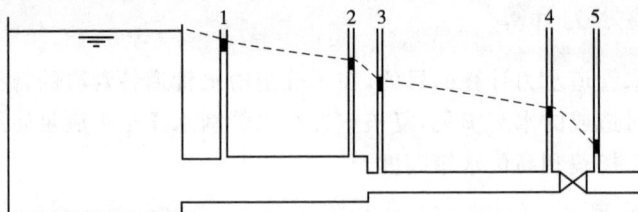

图 1-23　水头损失

管网的水头损失为各管道的沿程损失和局部损失之和,即 $h_{\mathrm{f}} = \sum h_{\mathrm{y}} + \sum h_{\mathrm{j}}$

(1)沿程阻力和沿程水头损失

水在直管(或明渠)中流动时,所受的摩擦阻力称为沿程阻力。为了克服沿程阻力而消耗的单位重量流体的机械能量,称为沿程水头损失。图 1-23 中测压管 1、2 之间和 3、4 之间的水头损失即为该管段上的沿程水头损失。是室内给水管网中水头损失的主要部分。

管道沿程水头损失计算公式为:

$$h_{\mathrm{y}} = iL \tag{1-12}$$

式中:$h_{\mathrm{y}}$——管道沿程水头损失(kPa);

$i$——单位管长沿程水头损失(kPa);

$L$——管道长度(m)。

(2)局部阻力和局部水头损失

由于在管道中局部区域或附件处水流速度的大小和方向发生急剧变化,甚至形成强烈的漩涡,水流质点间发生剧烈地碰撞所形成的阻力称为局部阻力。

为了克服局部阻力而消耗的单位重量流体的机械能量,称为局部水头损失。在给水管网中,局部水头损失多发生在阀门、弯头、三通、四通、异径接头等管径突弯处或流线发生急剧变化的局部区域,如图 1-23 中测压管 2、3 和 4、5 之间发生的水头损失即为局部水头损失。

局部水头损失计算公式为:

$$h_j = \sum \xi \frac{v^2}{2g} \tag{1-13}$$

式中:$h_j$——管道各局部水头损失的总和(kPa);

$\xi$——局部阻力系数;

$v$——一般指局部阻力后边(按水流方向)的平均流速(m/s);

$g$——重力加速度(m/s$^2$),取 9.8m/s$^2$。

为了简化计算,管道的局部水头损失之和,一般可以根据经验采用沿程水头损失的百分数进行估计。不同用途的室内给水管网,其局部水头损失占沿程水头损失的百分数如下:

生活给水管网　25%～30%

生产给水管网　20%

消防给水管网　10%

自动喷淋给水管网　20%

生活、消防共用的给水管网　25%

生活、生产、消防共用的给水管网　20%

# 第七节　建筑热水系统

## 一、热水系统分类及组成

### 1. 热水系统的分类

建筑内的热水供应系统按热水供水范围的大小,可分为集中热水供应系统和局部热水供应系统。

(1)局部热水供应系统

供局部范围内的一个或几个用水点使用的热水系统称局部热水供应系统。

局部热水供应系统供水范围小,热水分散制备,一般靠近用水点设置小型加热设备供一个或几个配水点使用。用水设备要尽量靠近设有炉灶的房间,特点是热水管路短,热损失小,适用于热水用水量较小、单户或单个房间且较分散的建筑。如采用小型燃气加热器、蒸汽加热器、电加热器、炉灶、太阳能加热器等,将冷水加热供给单个厨房、浴室、生活间等用水。

局部热水供应系统的基本组成有加热套管或盘管、储存箱及配水管等三部分。选用这种方式,应使装置和管道布置紧凑、热效率高。

这里着重提出的是管式太阳能热水器的热水供应方式。这是一种即节约能源又不污染环境的热水供应方式,但在冬季日照时间短或阴雨天气时效果较差,需要备有其他热源或设备加热冷水装置。太阳能热水器的管式加热器和热水箱,可设置在屋顶上,也可以设在地面上,安装时应注意其对水压和水量的要求。

(2)集中热水供应系统

集中热水供应系统(图 1-24)是在专用锅炉房、热交换站或加热间将冷水集中加热,通过室外热水管网输送至整幢或几幢建筑,再通过室内管道输送至各配水点。其供应范围比局部热水供应系统大得多。由于热水集中制备,集中热水供应系统适用于使用要求高、热水量较大,用水点多且分布比较集中的建筑。如较高级居住建筑、旅馆、公共浴室、医院、疗养院、体育馆、游泳池、大型饭店等公共建筑。加热设备一般为锅炉和热交换器等。

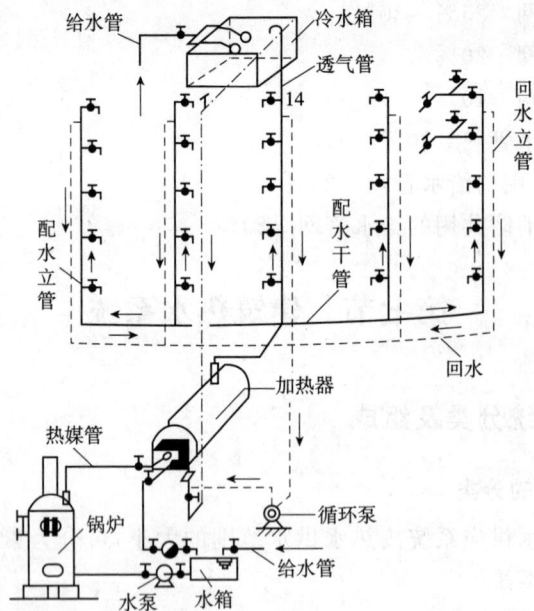

图 1-24　集中热水供应系统

2. 热水系统组成

建筑内热水系统中,局部热水系统所用的加热器、管路等比较简单;区域热水系统管网复杂、设备多;集中热水供应系统应用普遍。集中热水系统一般由下列部分组成:热媒系统(第一循环系统)、热水系统(第二循环系统)、热水设备及附件。

（1）热媒管道

它是锅炉和水加热设备之间的连接管道。如果热媒为蒸汽时，就不存在循环管路，而只有蒸汽和凝结水管及其他设备。

（2）配水管路

它是连接水加热器和用水点配水龙头之间的管路，有配水管和回水管之分。

（3）加热设备

为加热冷水的设备，如锅炉、热水器、各种水加热器等。

（4）给水管路

为热水供应系统补充冷水的管路及锅炉补给水的管道。

（5）其他附件及设备

如循环水泵、各种器材及仪表等。

集中热水供应系统的工作流程为：锅炉生产的蒸汽（或热水）经蒸汽管道（热媒管）送到水加热器把水加热，蒸汽散热形成的凝结水经凝结水管排至凝水池，由凝结水泵压入锅炉补充供水；冷水在水加热器中被加热后，经配水干管、立管送入各配水点，多余的热水经循环水泵压入水加热器，重新加热使用。水加热所需要的冷水由给水箱补给。为了保证热水温度，补偿配水管路的散热损失，回水管和配水管中必须具有一定的循环流量。

## 二、热水供应方式

热水供应方式按照循环方式的不同，可分为全循环、半循环和非循环三种方式；根据热水循环系统中采用循环动力的不同，可分为自然循环和机械循环两种方式；按照系统是否与大气相通，可分为开式和闭式两种方式；根据各循环环路布置长度的不同，可分为同程式和异程式两种方式；根据其在一天中所供应时间长短的不同，可分为全日制、定时制两种方式。

### 1. 全循环供水方式

图 1-25（a）为干管下行上给全循环供水方式，由两大循环组成。锅炉、水加热器、凝结水箱、水泵及热媒管道等构成第一循环系统，其作用是制备热水；储水箱、冷水管、热水管、循环管及水泵等组成第二循环系统，其作用是输配热水。该系统适用于热水用水量大、要求较高的建筑。如果把热水输配干管敷设在系统上部，就是上行下给式系统，此时循环立管是由每根热水立管下部延伸而成。这种方式适用于五层以上，并且对热水温度的稳定性要求较高的建筑。

### 2. 半循环供水方式

图 1-25（b）、1-25（c）为下行上给半循环方式，适用于对水温的稳定性要求不高的五层以下建筑物，比全循环方式节约管材。

### 3. 不设循环的供水方式

图 1-25(d)为不设循环管道的下行上给供水方式,适用于浴室、生产车间等建筑内。这种方式的优点是节约管材,缺点是每次供应热水前需排泄掉管中的冷水。

选择热水供应系统的形式,要根据建筑物性质、卫生器具种类和数量、热水供应标准,热源等情况,进行技术经济比较后确定。

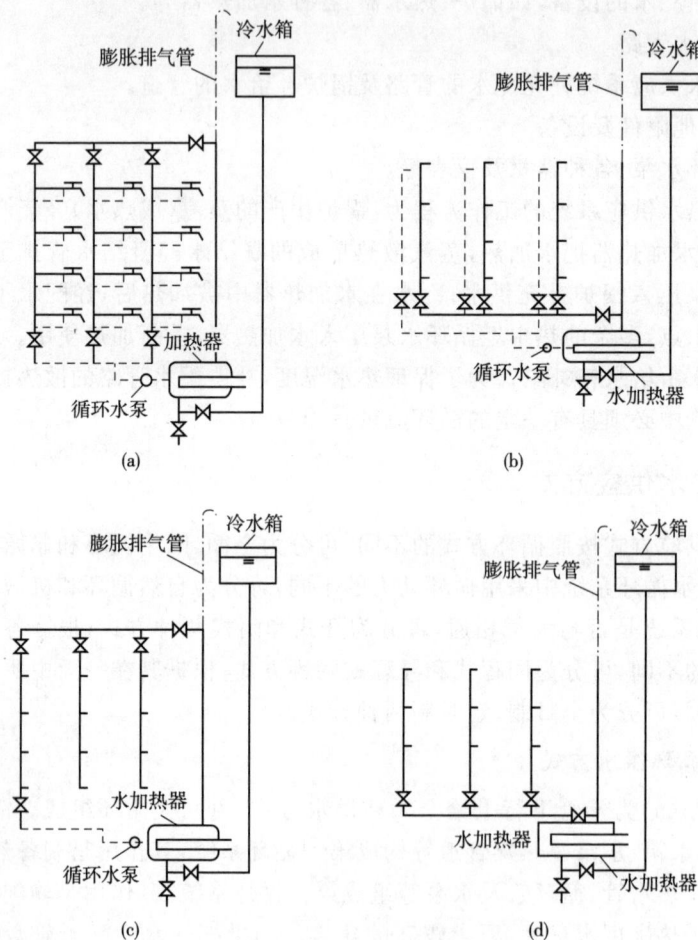

**图 1-25 循环方式**

(a)全循环;(b)主管循环;(c)干管循环;(d)无循环

## 三、高层建筑热水供应系统

高层建筑的热水供应系统应做竖向分区,其分区的原则、方法和要求与给水系统相同。

由于高层建筑使用热水要求标准高、管路长，因此宜设置机械循环热水供应系统。机械循环热水供应系统主要有以下两种。

### 1. 集中加热分区热水供应系统

集中加热分区热水供应系统如图 1-26 所示，其各区热水管网自成独立系统，其容积式水加热器集中设置在底层或地下室，水加热器的冷水供应来自各区给水水箱，加热后将热水分别送往各区使用，这样可使卫生器具的冷热水水龙头出水均衡。此种系统管道多采用上行下给式布置。

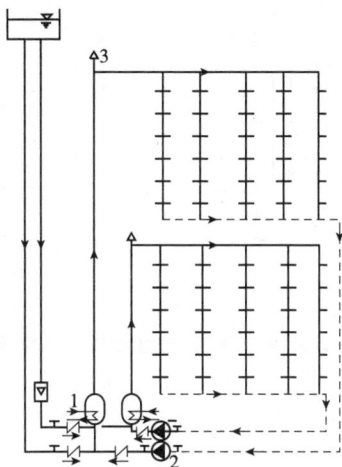

**图 1-26　集中加热分区热水供应系统**
1-水加热器；2-循环水泵；3-排气阀

集中加热分区热水供应系统由于各区加热设备均集中设置在一起，故建筑设计易于布置和安排，同时维护管理方便，热媒管道（高压蒸汽管和凝结水管）最短。但这种方式使高层建筑上部各供水分区加热设备（来自本区水源装置高位水箱）的冷水供水管道长，因而造成这些区的用水点冷、热水压差较大，并且加热设备和循环水泵承压高。因此，集中加热分区热水供应系统适用于高度在 100m 以内的建筑。

### 2. 分区加热热水供应系统

高层建筑各分区的加热设备各自分别设在本区或邻区的范围内，加热后的水沿本区管网系统送至各用水点，此种热水供应系统称为分区加热热水供应系统，如图 1-27 所示。

分区加热热水供应系统由于各区加热设备均设于本区或邻区内，因而用水点处冷水、热水压差小，同时设备承压也小，对设计、制造、安装都比较有利，节省钢材、造价低;其缺点是热媒管道长,设备设置分散,维护管理不方便,占用面积较大。该系统适用于分区较多(三个分区以上)及建筑高度在100m以上的建筑,特别是超高层建筑尤其适用。

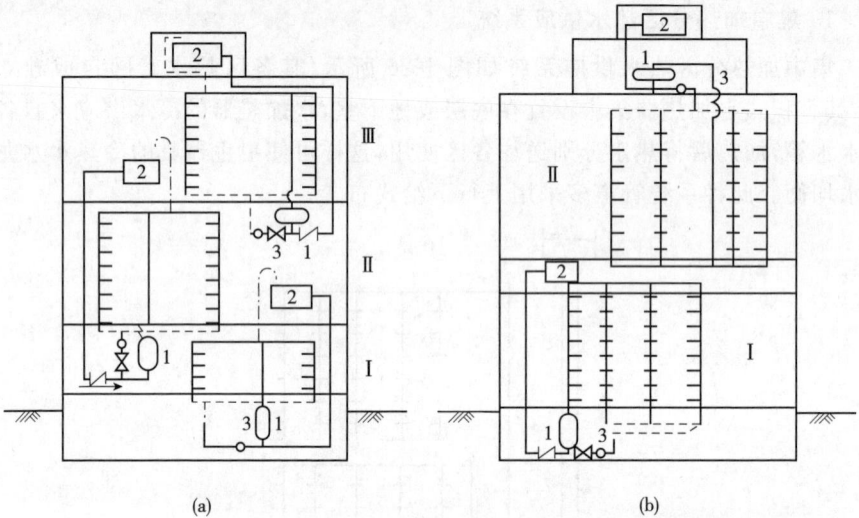

**图1-27  分散设置水加热器、分区设置热水管网的供水方式**

(a)各区系统均为上行下回方式;(b)各区系统混合设置

1-水加热器;2-给水箱;3-循环水泵

# 第八节  建筑消防给水系统

建筑消防给水系统根据其使用灭火剂种类和灭火方式的不同,可分为三类:消火栓给水灭火系统、自动喷水灭火系统和其他使用非水灭火剂灭火系统。

## 一、室内消火栓给水灭火系统

根据建筑高度和消防车扑灭火灾能力的不同,消火栓消防系统分为低层建筑消火栓系统和高层建筑消火栓系统。

低层建筑消火栓系统是指9层及9层以下的住宅建筑、高度在24m以下的其他民用建筑和高度不超过24m的单层公共建筑以及单层、多层和高层工业建筑的室内消火栓系统。这类建筑物的火灾能依靠一般消防车的供水能力直接进行灭火。

高层建筑消火栓系统是指10层及10层以上的住宅建筑、高度在24m以上的其他民用建筑和工业建筑的室内消火栓系统。高层建筑中,高层部分的火灾扑救因一般消防车的供水能力达不到,应立足于自救。

**1. 室内消火栓的设置场所**

消火栓给水系统广泛应用于各类建筑中,是最基本的灭火系统,设置场所有:

(1)建筑占地面积大于300m² 的厂房(仓库);

(2)体积超过5000m³ 的车站、码头、机场的候车(船、机)楼、展览建筑、商店、旅馆建筑、病房楼、门诊楼、图书馆建筑等;

(3)特等、甲等剧场,超过800个座位的其他等级的剧场、电影院等,超过1200个座位的礼堂、体育馆等;

(4)超过7层的住宅;

(5)超过5层或体积超过10000m³ 的办公楼、教学楼、非住宅类居住建筑等其他民用建筑;

(6)国家级文物保护单位的重点砖木或木结构的古建筑。

**2. 室内消火栓系统的组成**

室内消火栓消防给水系统通常由消防供水水源(市政给水管网、天然水源、消防水池),消防供水设备(消防水箱、消防水泵、水泵接合器),室内消防给水管网(进水管、水平干管、消防立管等)和室内消火栓设备(水枪、水带、消火栓、消火栓箱等)四部分组成。如图1-28所示。

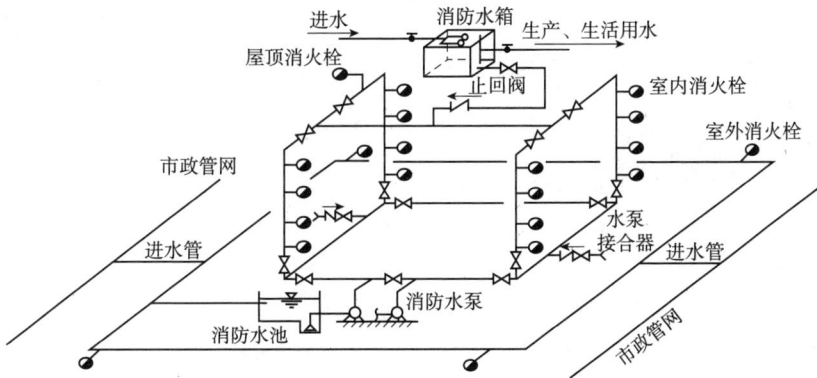

**图1-28 室内消火栓系统组成示意图**

(1)消火栓设备

消火栓设备由水枪、水带和消火栓组成,均安装于消火栓箱内。

1)水枪。一般为直流式,喷嘴口径有13mm、16mm和19mm三种。口径13mm的水枪配备直径50mm的水带,16mm的水枪可配口径50mm或65mm的水带,19mm的水枪配备口径65mm的水带。

2)水带。水带长度一般有15mm、20mm、25mm和30mm四种;口径有

50mm 和 65mm 两种,材质有麻质和化纤两种,有衬胶与不衬胶之分(衬胶水带阻力较小)。水带长度应根据水力计算选定。

3)消火栓均为内扣式接口的球形阀式龙头,有单出口和双出口之分。单出口消火栓直径有 50mm 和 65mm 两种,双出口消火栓直径为 56mm。当每支水枪最小流量小于 5L/s 时,选用直径 50mm 的消火栓、口径 13mm 或 16mm 的水枪;最小流量>5L/s 时,选用直径 65mm 的消火栓、口径 19mm 的水枪。

4)消火栓箱的规格通常为 800mm×650mm×200mm,材料为钢板或铝合金等。消防卷盘设备可与 DJV65 消火栓放置在同一个消火栓箱内,也可以单独设消火栓箱。

(2)水泵接合器

水泵接合器是从外部水源给室内消防管网供水的连接设备,是一个只能单向供水的设备,SQ 型水泵接合器外形如图 1-29 所示。其主要用途是当室内消防泵发生故障或遇大火室内消防用水不足时,供消防车从室外消火栓取水,通过水泵接合器将水送到室内消防给水管网用于灭火。

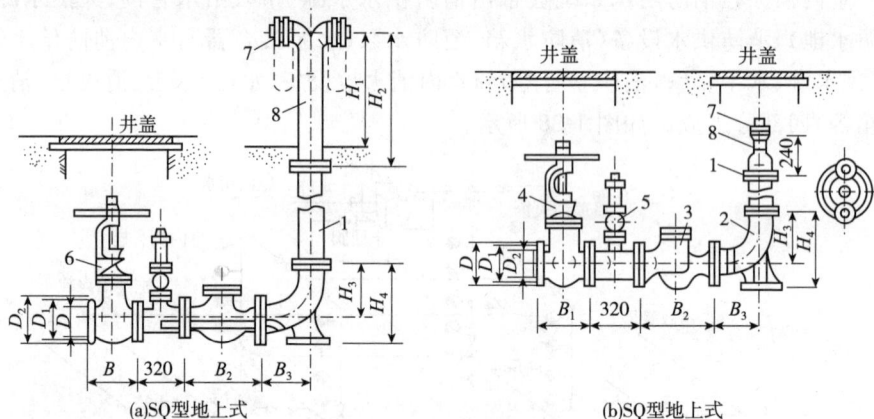

图 1-29　水泵接合器

1-法兰接管;2-弯管;3-升降式单向阀;4-放水阀;5-安全阀;6-楔式闸阀;7-进水用消防接口;8-本体

(3)消防水池

1)具有下列情况之一者应设置消防水池:当生产、生活用水量达到最大时,市政给水管或天然水源不能满足室内外用水量时;市政给水管道只有一条进水管,且消防用水量之和超过 25L/s 时。

2)为防止生活、生产水质污染,消防水池一般与生活、生产等用水储水池分开设置。当消防用水与其他用水共用水池时,应有确保消防用水不作他用的技术措施,保证池内全年有水,不能放空。

(4)消防水箱

消防水箱要满足以下要求：

1）消防水箱对扑救初期火灾起着重要作用，为确保其自动供水的可靠性，应采用重力自流供水方式。

2）消防水箱宜与生活或生产高位水箱合用，以保持箱内贮水经常流动，防止水质变坏。

3）消防水箱应采用生活或生产给水管补水，严禁采用消防水泵补水。

4）消防水箱的安装高度应满足室内最不利点消火栓所需的水压要求，且应贮存保证室内 10min 用水的消防用水量。

**3. 室内消火栓系统供水方式**

根据建筑物的高度、室外给水管网的水压和流量，以及室内消防管道对水压和流量的要求，室内消火栓灭火系统一般有以下几种给水方式。

（1）直接供水方式

当室外管网的压力和流量能满足室内最不利点消火栓的设计水压和流量时，宜采用无加压水泵和水箱的消火栓给水系统，如图 1-30 所示。

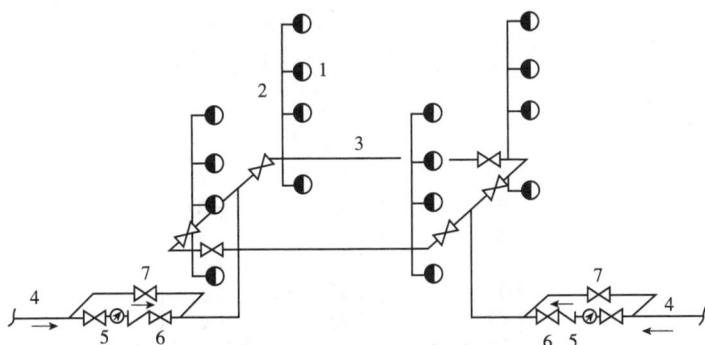

**图 1-30 由室外给水管网直接给水的消火栓供水方式**

1-室内消火栓；2-消防立管；3-干管；4-进户管；5-水表；6-止回阀；7-旁通管及阀门

（2）仅设水箱的供水方式

当室外给水管网压力变化较大，其水量能满足室内用水要求时，可采用此种供水方式，如图 1-31 所示。室外管网压力较大时向水箱充水，由水箱贮存一定水量，以备消防使用。

（3）设消防水泵和消防水箱的供水方式

当室外给水管网的压力经常不能满足室内消火栓系统所需的水量和水压的要求时，宜采用此种供水方式，如图 1-32 所示。当消防用水与生活、生产用水共用室内给水系统时，其消防水泵应保证供应生活、生产、消防用水的最大秒流量，并应满足室内最不利点消火栓的水压要求。水箱的设置高度应保证室内最不利点消火栓所需的水压要求。

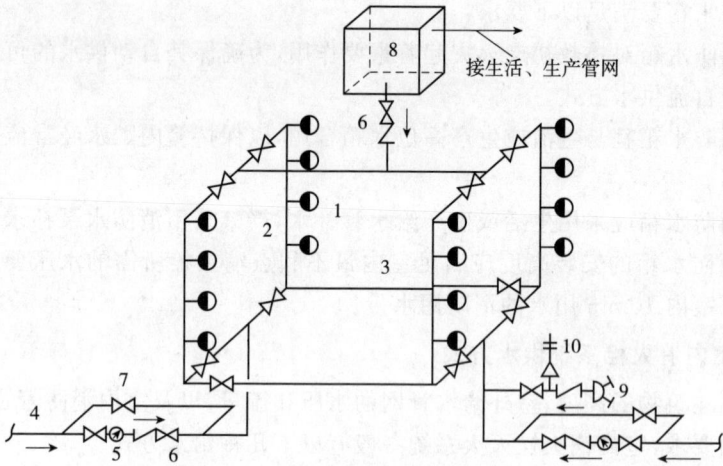

图 1-31　仅设水箱的消火栓供水方式

1-室内消火栓消防立管;3-干管;4-进户管;5-水表;6-止回阀;

7-旁通管及阀门;8-水箱;9-水泵接合器;10-安全阀

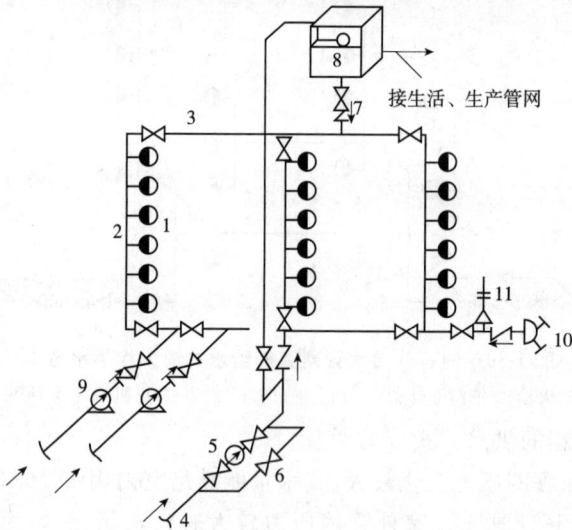

图 1-32　设消防水泵和消防水箱的供水方式

1-室内消火栓;2-消防立管;3-干管;4-进户管;5-水表;6-旁通管及阀门;

7-止回阀;8-水箱;9-水泵;10-水泵接合器;11-安全阀

## 4. 室内消火栓设置要求

(1)消防用水量

室内消防用水量为同时使用的水枪数和每支水枪用水量的乘积。根据消防灭火效果统计,在火灾现场一支水枪的控制率为40%,同时两支水枪的控制率为65%。因而初期火灾一般不宜少于两支水枪同时出水,只有建筑物容积较小时才考虑一支水枪。室内消火栓给水系统的用水量与建筑类型、规模、高度、结构、耐火等级和生产性质等因素有关。

对生活、生产、消防三者共用的室内给水管网,当生活、生产用水达到最大用水量时,应能保证消防用水量。

(2)充实水柱

根据防火要求,水枪射流灭火,需有一定强度的密实水流才能有效地扑灭火灾。靠近水枪口的一段密集、不分散的射流,称为充实水柱。水枪射流在260~380mm直径圆断面内,包含全部水量75%~90%的密实水柱长度,称为充

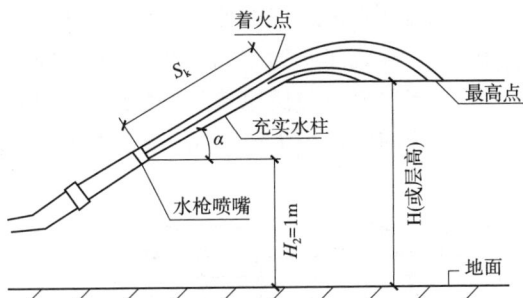

图1-33　直流水枪的密实射流

实水柱长度,是直流水枪灭火时的有效射程,如图1-33所示。

充实水柱长度一般不宜大于15m。水枪的充实水柱长度可根据图1-33所示的室内最高着火点距地面高度、水枪喷嘴距地面高度、水枪射流倾角按式(1-14)计算:

$$S_K = \frac{H_1 - H_2}{\sin\alpha} \tag{1-14}$$

式中:$S_K$——充实水柱长度(m),不得小于表1-6的规定;

$H_1$——室内最高着火点距离地面的高度(m);

$H_2$——水枪喷嘴距离地面的高度(m);

$\alpha$——水枪射流倾角,一般取45°~60°。

表1-6　各类建筑要求的充实水柱长度

| 建筑物类别 | | 充实水柱长度/m |
|---|---|---|
| 低层建筑 | 一般建筑 | ≥7 |
| | 乙类厂房;大于6层民用建筑;大于4层厂房、库房 | ≥10 |
| | 高架库房 | ≥13 |
| 高层建筑 | 民用建筑高度<100m | ≥10 |
| | 民用建筑高度≥100m | ≥13 |
| | 高层工业建筑 | ≥13 |
| 人防工程内 | | ≥10 |
| 修车库、修车库内 | | ≥10 |

（3）消火栓布置间距

消火栓布置间距应由计算来确定：首先根据水龙带的长度和水枪充实水柱长度，可求得每个消火栓的保护半径。然后，由消火栓的保护半径尺和规范要求的同时灭火水柱股数，结合建筑物的形状，就可确定消火栓的布置间距 $S_1$。

消火栓布置间距应能保证室内任何部位有两个消火栓射出的充实水柱同时到达，较小建筑室内任何部位允许 1 股水柱到达，如图 1-34 所示（图中，b 指最长保护宽度，外廊式建筑为建筑物宽度，内廊式建筑为走道两侧中较大一边的宽度）。对于高层工业与民用建筑，高架库房，甲、乙类厂房，设有空气调节系统的旅馆，消火栓间距不应大于 30m，其他单层和多层建筑室内消火栓间距不应大于 50m。

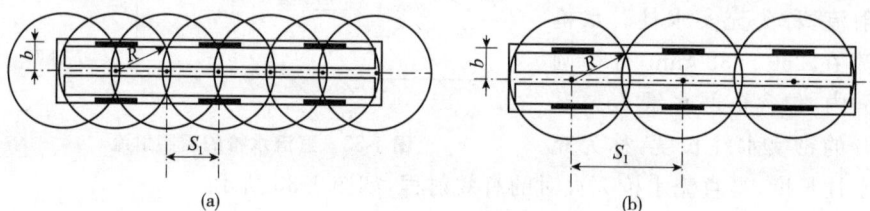

**图 1-34　保证室内任何部位有水柱到达的情况**
(a)单排 2 股水柱到达室内任何部位；(b)单排 1 股水柱到达室内任何部位

### 5. 室内消火栓给水管道布置要求

室内消防给水管道的布置应符合下列规定：

（1）室内消火栓超过 10 个且室外消防用水量大于 15L/s 时，其消防给水管道应连成环状，且至少应有两条进水管与室外管网或消防水泵连接。当其中一条进水管发生事故时，其余的进水管应仍能供应全部消防用水量。

（2）高层厂房（仓库）应设置独立的消防给水系统，室内消也竖管应连成环状。

（3）室内消防竖管直径不应小于 DN100。

（4）室内消火栓给水管网宜与自动喷水灭火系统的管网分开设置；当合用消防泵时，供水管路应在报警阀前分开设置。

（5）高层厂房（仓库）、设置室内消火栓且层数超过 4 层的厂房（仓库）、设置室内消火栓且层数超过 5 层的公共建筑，其室内消火栓给水系统应设置消防水泵接合器。消防水泵接合器应设置在室外便于消防车使用的地点，与室外消火栓或消防水池取水口的距离宜为 15～40m。

消防水泵接合器的数量应按室内消防用水量计算确定。每个消防水泵接合器的流量宜按 10～15L/s 计算。

(6)室内消防给水管道应采用阀门分成若干独立段。对于单层厂房(仓库)和公共建筑,检修停止使用的消火栓不应超过5个。对于多层民用建筑和其他厂房(仓库),室内消防给水管道上阀门的布置应保证检修管道时关闭的竖管不超过1根,但设置的竖管超过3根时,可关闭2根。阀门应保持常开,并应有明显的启闭标志或信号,一般按管网节点的管段数-1的原则设置阀门,如图1-35所示。

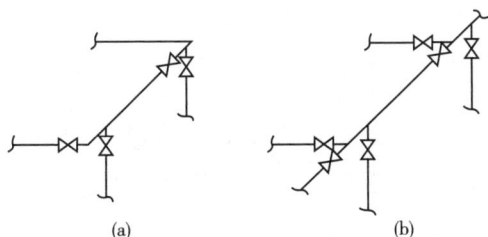

**图 1-35　消防管网节点阀门布置**

(a)三通节点;(b)四通节点

(7)消防用水与其他用水合用的室内管道,当其他用水达到最大小时流量时,应仍能保证提供消防用水量。

非供暖的厂房(仓库)及其他建筑的室内消火栓系统,可采用干式系统,但在进水管上应设置快速启闭装置,管道最高处应设置自动排气阀。

## 二、自动喷水灭火系统

自动喷水灭火系统是一种在发生火灾时,能自动喷水灭火并同时发出火警信号的消防灭火设施。据资料统计,自动喷水灭火系统扑灭初期火灾的效率在97%以上。由于自动喷水灭火系统是在当火灾发生时能自动开启的消防灭火系统,故在设备的投入上较高,技术难度也较大,在消防系统中越来越受到工程技术人员的重视。

### 1. 自动喷水灭火系统的分类

根据喷头的开闭形式,自动喷水灭火系统可分为闭式和开式两大类自动喷水灭火系统。闭式自动喷水灭火系统可分为湿式、干式、干湿式、预作用四种自动喷水灭火系统,开式自动喷水灭火系统又可分为雨淋、水幕、水喷雾自动喷水灭火系统。

(1)闭式自动喷水灭火系统

闭式自动喷水灭火系统是当火场达到一定温度时,能自动地将喷头打开,扑灭和控制火势并发出火警信号的室内给水系统。它具有良好的灭火效果,火灾控制率达97%以上。闭式自动喷水灭火系统应布置在火灾危险性较大、起火蔓延快的场所,如容易自燃而无人管理的仓库、对消防要求较高的建筑物或个别房间内。闭式自动喷水灭火系统由闭式喷头、管网、报警阀门系统、探测器、加压装置等组成。

1)湿式自动喷水灭火系统

如图 1-36 所示,湿式自动喷水灭火系统管网中报警阀前后管道内平时充满有压力的水,发生火灾时,闭式喷头一经打开,则立即喷水灭火。这种系统适用于常年室内温度不低于 4℃,且不高于 70℃ 的建筑物、构筑物内。系统结构简单、使用可靠、比较经济,因此应用比较广泛。

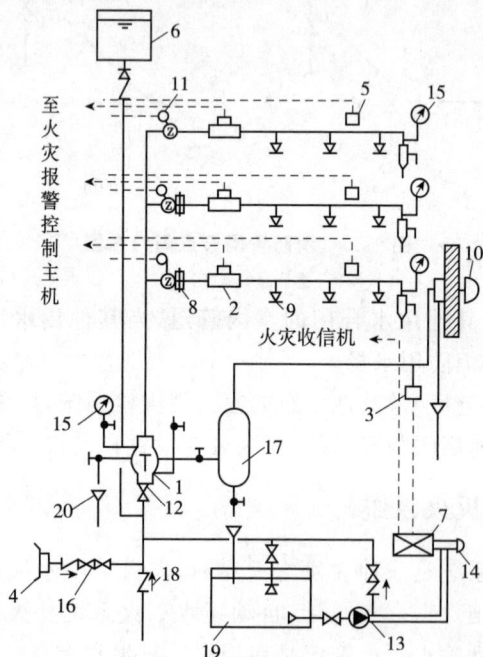

图 1-36　湿式自动喷水灭火系统

1-湿式报警阀;2-水流指示器;3-压力继电器;4-水泵接合器;5-感烟探测器;
6-水箱;7-控制箱;8-减压孔板;9-喷头;10-水力警铃;11-报警装置;
12-闸阀;13-水泵;14-按钮;15-压力表;16-安全阀;17-延迟器;
18-止回阀;19-储水池;20-排水漏斗

湿式自动喷水灭火系统的工作原理:火灾发生初期,建筑物的温度随之不断上升,当温度上升到闭式喷头温感元件爆破或熔化脱落时,喷头即自动喷水灭火。此时,管网中的水由静止变为流动,水流指示器被感应送出电信号,在报警控制器上指示某一区域已在喷水。持续喷水造成报警阀的上部水压低于下部水压,其压力差值达到一定值时,原来处于闭装的报警阀就会自动开启。此时,消防水通过湿式报警阀,流向干管和配水管供水灭火。同时,一部分水流沿着报警阀的环形槽进入延迟器、压力开关及水力警铃等设施发出火警信号。此外,根据水流指示器和压力开关的信号或消防水箱的水位信号,控制箱内控制器能自动启动消防泵向管网加压供水,达到持续自动供水的目的。

2)干式自动喷水灭火系统

该系统由闭式喷头、管道系统、干式报警阀、干式报警控制装置、充气设备、排气设备和供水设施等组成,如图 1-37 所示。管网中平时不充压力水,而充满空气或氮气,只在报警前的管道中充满有压力的水。发生火灾时,闭式喷头打开,首先喷出压缩空气或氮气,配水管内气压降低,利用压力差将干式报警阀打开,水流入配水管网,再从喷头流出,同时水流到达压力继电器令报警装置发出报警信号。在大型系统中,还可以设置快开器,以加速打开报警阀的速度。干式自动喷水灭火系统适用于供暖期超过 240 天的不供暖房间和室内温度在 4℃以下或 70℃以上的场所,其喷头宜向上设置。

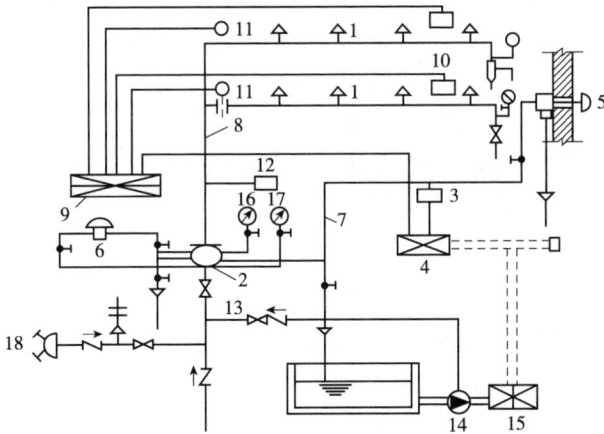

**图 1-37 干式自动喷水灭火系统**

1-闭式喷头;2-干式报警阀;3-压力继电器;4-电气自控箱;5-水力警铃;
6-快开器;7-信号管;8-配水管;9-火灾收信机;10-感温、感烟火灾
探测器;11-报警装置;12-气压保持器;13-阀门;14-消防水泵;
15-电动机;16-阀后压力表;17-阀前压力表;18-水泵接合器

3)干湿式自动喷水灭火系统

干湿式自动喷水灭火系统(又称干湿两用系统、干湿交替系统)是把干式和湿式两种系统的优点结合在一起的一种自动喷水灭火系统,在环境温度高于70℃、低于 4℃时系统呈干式,环境温度在 4~70℃之间转化为湿式系统。

这种系统最适合于季节温度的变化比较明显又在寒冷时期无供暖设备的场所。

干湿两用系统在交替使用时,只需要在两用报警阀内采取措施:在寒冷季节将报警阀的销板脱开片板,接通气源,使管路充满压缩空气,呈干式时工作原理;

在温暖季节只需切断气源,管路充满压力水,即可成为湿式系统。

干湿式自动喷水灭火系统水、气交替使用,对管道腐蚀较为严重,每年水、气各换一次,管理烦琐,因此应尽量不采用。

4)预作用自动喷水灭火系统

预作用自动喷水灭火系统由火灾探测报警系统、闭式喷头、预作用阀、充气设备、管道系统及控制组件等组成,如图 1-38 所示。通常安装在那些既需要用水灭火但又绝对不允许发生非火灾跑水的地方,如图书馆、档案馆及计算机房等。

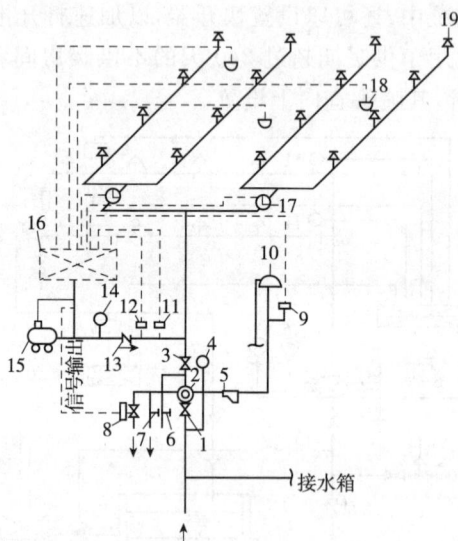

图 1-38　预作用自动喷水灭火系统

1-总控制阀;2-预作用阀;3-检修闸阀;4-压力表;5-过滤器;6-截止阀;7-手动开启阀;
8-电磁阀;9-压力开关;10-水力警铃;11-启闭空压机,压力开关;12-低气压
报警压力开关;13-止回阀;14-压力表;15-空压机;16-报警控制箱;
17-水流指示器;18-火灾探测器;19-闭式喷头

预作用自动喷水灭火系统具有干式自动喷水灭火系统平时无水的优点,在预作用阀以后的管网中平时不充水,而充加压空气或氮气,或是干管,只有在发生火灾时,火灾探测系统自动打开预作用阀,才使管道充水变成湿式系统,可避免因系统破损而造成的水渍损失;同时它又没有干式自动喷水灭火系统必须待喷头动作后排完气才能喷水灭火、延迟喷头喷水时间的缺点;另外,系统有早期报警装置,能在喷头动作之前及时报警,以便及早组织扑救。系统将湿式喷水灭火系统与电子报警技术和自动化技术紧密结合,使系统更完善和安全可靠,从而扩大了系统的应用范围。

（2）开式自动喷水灭火系统

该系统是指在自动喷水灭火系统中采用开式喷头,平时系统为敞开状态,报警阀处于关闭状态,管网中无水,火灾发生时报警阀开启,管网先充水,喷头再喷水灭火。

开式自动喷水灭火系统由火灾探测自动控制传动系统、自动控制组成作用阀门系统、带开式喷头的自动喷水灭火系统三部分组成。按其喷水形式的不同可分为雨淋灭火系统、水幕灭火系统和水喷雾灭火系统。

1）雨淋喷水灭火系统

该系统由开式喷头、管道系统、雨淋阀、火灾探测器、报警控制装置、控制组件和供水设备等组成。平时,雨淋阀后的管网充满水或压缩空气,其中的压力与进水管中水压相同,此时,雨淋阀由于传动系统中的水压作用而紧紧关闭着。当建筑物发生火灾时,火灾探测器感受到火灾因素,便立即向控制器送出火灾信号,控制器将此信号做声光显示并相应输出控制信号,由自动控制装置打开集中控制阀门,自动地释放掉传动管网中有压力的水,使传动系统中水压骤然降低,使整个保护区域所有喷头喷水灭火。该系统具有出水量大,灭火及时的优点。适用于火灾蔓延快、危险性大的建筑或部位。

2）水幕自动喷水灭火系统

该系统由水幕喷头、控制阀（雨淋阀或干式报警阀等）、探测系统、报警系统和管道等组成。系统中用的开式水幕喷头将水喷洒成水帘幕状,不能直接用来扑灭火灾,与防火卷帘、防火幕配合使用,对它们进行冷却和提高其耐火性能,可阻止火势扩大和蔓延。

该系统适用于需防火隔断的开口部位,如舞台与观众之间的隔断水帘、消防防火卷帘的冷却等。

3）水喷雾自动喷水灭火系统

该系统由水源、供水设备、管道、雨淋阀组、过滤器和水雾喷头组成。用喷雾喷头把水粉碎成细小的雾状水滴后喷射到正在燃烧的物质表面,通过表面冷却实现灭火。由于水喷雾具有多种灭火机理,使其具有适用范围广的优点,还可以提高扑灭固体火灾的灭火效率,而且由于水雾具有电气绝缘不会造成液体飞溅的特点,在扑灭可燃液体火灾、电气火灾中均得到了广泛的应用。

**2. 自动喷水灭火系统的主要部件**

（1）喷头

1）闭式喷头

闭式喷头是闭式自动喷水灭火系统的重要设备,由喷水口、控制器和溅水盘三部分组成。其形状和式样较多,如图 1-39 所示。

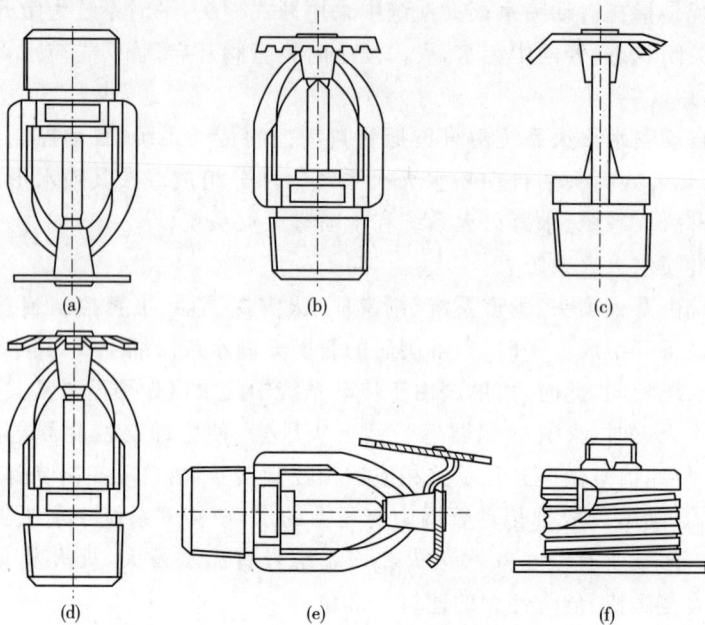

**图 1-39 闭式喷头的类型**

(a)下垂型喷头;(b)直立型喷头;(c)边墙直立型喷头;
(d)普通型喷头;(e)边墙水平型喷头;(f)吊顶型喷头

闭式喷头是用耐腐蚀的铜质材料制造,喷水口平时被控制器封闭。我国生产的闭式喷头口径为 12.7mm,其感温级别有普通级(72℃)、中温级(100℃)和高温级(141℃)三种。在不同环境温度场所内设置喷头时,喷头公称动作温度应比环境温度高 30℃左右。喷头之间的水平距离应根据不同火灾危险等级确定(表 1-7)。其布置形式,可采用正方形、长方形、菱形或梅花形。喷头与吊顶、楼板、屋面板的距离不宜小于 75mm,也不宜大于 150mm,但楼板、屋面板如为耐火极限不低于 0.5h 的非燃烧体,其距离可为 300mm。

**表 1-7 喷头的安装距离**

| 建筑物、构筑物 | | | 喷头与墙、柱最大间距/m | |
|---|---|---|---|---|
| 严重 | 生产建筑物 | 8 | 2.8 | 1.4 |
| 危险级 | 储存建筑物 | 5.4 | 2.3 | 1.1 |
| 中危险级 | | 12.5 | 3.6 | 1.8 |
| 轻危险级 | | 21 | 4.6 | 2.3 |

2)开式喷头

开式喷头根据其用途不同分为开启式、水幕式和喷雾式三种类型。

（2）报警阀

报警阀的作用是开启和关闭自动喷水灭火系统中主供水管道中的水流，同时将阀门动作（开启）信号传递给控制系统，以尽快做出相应反应，同时驱动水力警铃直接报警。

报警阀组宜设在安全及易于操作的地点，报警阀距地面的高度宜为 1.2m，安装报警阀的部位应设有排水设施。根据其构造和功能可分为湿式报警阀、干式报警阀、干湿两用报警阀、雨淋报警阀和预作用报警阀等。

湿式报警阀（图 1-40）用于湿式自动喷水灭火系统；干式报警阀（图 1-41）用于干式自动喷水灭火系统；干湿式报警阀是由湿式、干式报警阀依次连接而成的，在温暖季节用湿式装置，在寒冷季节则用干式装置；雨淋式报警阀用于预作用、雨淋、水幕、水喷雾自动喷水灭火系统。

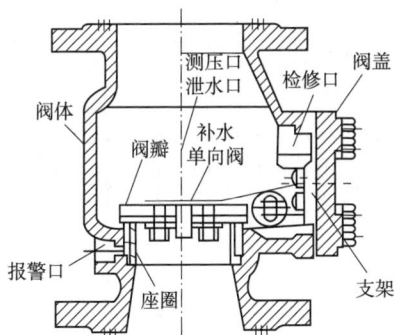

图 1-40　座圈式湿式报警阀　　　　图 1-41　干式报警阀

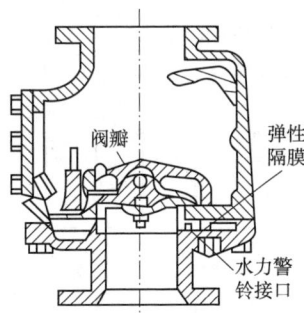

（3）水流报警装置

水流报警装置包括水力警铃、压力开关和水流指示器。

1）水力警铃主要用于湿式系统，宜装在报警阀附近（其连接管不宜超过6m）。当报警阀开启，具有一定压力的水流冲动叶轮打铃报警。水力警铃不得由电动报警装置取代。

2）水流指示器用于湿式系统，一般安装于各楼层的配水干管或支管上。当某个喷头开启喷水或管网发生水量泄漏时，管道中的水产生流动，引起水流指示器中桨片随水流而动作，接通电信号报警并指示火灾楼层。

3）压力开关垂直安装于延迟器和报警阀之间的管道上。在水力警铃报警的同时，依靠警铃管内水压的升高自动接通电触点，完成电动警铃报警，向消防控制室传送电信号或启动消防水泵。

（4）延迟器

延迟器是一个罐式容器，安装于报警阀与水力警铃（或压力开关）之间的信号管道上，作用是防止由于水压波动引起水力警铃的误动作而造成误报警。

（5）火灾探测器

火灾探测器有感温和感烟两种类型，布置在房间或走道的顶棚下面。其作用是接到火灾信号后，通过电气自控装置进行报警或启动消防水泵。

（6）末端试水装置

末端试水装置由试水阀、压力表以及试水接头等组成，用于测试系统的最不利点喷头能否在开放一只时可靠报警并正常启动。试水接头出水口的流量系数应等于同楼层或防火分区内的最小喷头的流量系数。在每个报警阀组控制的最不利点喷头处应设末端试水装置，其他防火分区、楼层的最不利点喷头处，均应设直径为 25mm 的试水阀。打开试水装置喷水，可以进行系统调试时的模拟试验和日常测试检查。末端试水装置的出水，应采取孔口出流的方式排入排水管道。

3. 管网的布置和敷设

自动喷水灭火管网的布置，应根据建筑平面的具体情况布置成侧边式和中央布置式两种形式，如图 1-42 所示。

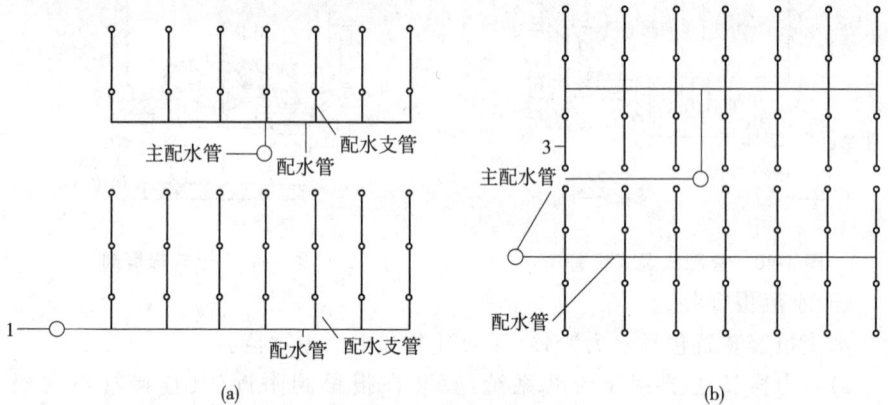

图 1-42　管网布置形式

(a)侧边布置；(b)中央布置

每个自动喷水灭火系统的配水管道应均匀、对称布置，以减少系统的水头损失。每根配水支管的公称直径不应小于 25mm，每根配水支管末端应装设固定支架，其上布置的喷头数应符合下列规定：①轻危险级、中危险级的建筑物、构筑物均不应多于 8 个，当同一配水支管在吊顶上下布置喷头时，其上下侧的喷头数各不超过 8 个；②严重危险级的建筑物不应多于 6 个。

自动喷水灭火系统分支管路多，同时作用的喷头数较多，且喷头出流量各不相同，因而管道水力计算繁琐。在进行初步设计时可参考表 1-8 进行估算。

表 1-8　自动喷水灭火系统管道估算表

| 管径<br>（mm） | 危险等级 | | |
|---|---|---|---|
| | 轻危险级 | 中危险级 | 严重危险级 |
| | 允许安装喷头数/个 | | |
| DN25 | 2 | 1 | 1 |
| DN32 | 3 | 3 | 3 |
| DN40 | 5 | 4 | 4 |
| DN50 | 10 | 10 | 8 |
| DN70 | 18 | 16 | 12 |
| DN80 | 48 | 32 | 20 |
| DN100 | 按水力计算 | 60 | 40 |
| DN150 | 按水力计算 | 按水力计算 | ＞40 |

# 第九节　建筑中水系统

中水工程是由上水（给水）工程和下水（排水）工程派生出来的，其水质介于给水和排水之间。建筑中水工程是指民用建筑物或居住小区内使用后的各种排水如生活排水、冷却水及雨水等经过适当处理后，回用于建筑物或居住小区内，作为杂用水的供水系统。杂用水主要用来冲洗便器、冲洗汽车、绿化和浇洒道路。

## 一、中水源水

中水源水是指选作中水水源而未经处理的水。建筑中水源水来自建筑物内部的生活污水、生活废水和冷却水。生活污水指厕所排水，生活废水含沐浴、盥洗、洗衣、冲厕排水，生活污水和生活废水的数量、成分、污染物浓度与居民的生活习惯、建筑物的用途、卫生设备的完善程度、当地气候等因素有关。因为生活饮用、浇花、清扫等用水不能回收，所以建筑物生活排水量可按生活用水量的80%～90%计算。

按污染程度轻重，可作为中水源水的水源有冷却水、沐浴排水、盥洗排水、洗衣排水、厨房排水、厨房排水等6类。

建筑小区中水源水的选择应优先选择水量充裕稳定、污染物浓度低、水质处理难度小、安全且居民易接受的水源，如小区内建筑物杂排水、小区或城市污水处理厂出水、相对洁净的工业排水、小区内的雨水、小区生活污水。

## 二、中水系统分类

中水系统按其服务范围不同可分为建筑内部中水系统、建筑小区中水系统和城镇中水系统三类。

### 1. 建筑内部中水系统

建筑内部中水系统是指单幢或几幢相邻建筑所形成的中水供应系统。建筑内部中水系统的原水取自建筑物内的排水,经处理达到中水水质标准后回用,是目前使用较多的中水系统,如图 1-43 所示。考虑到水量的平衡,可利用生活给水补充中水水量,该系统具有投资少、见效快的特点。

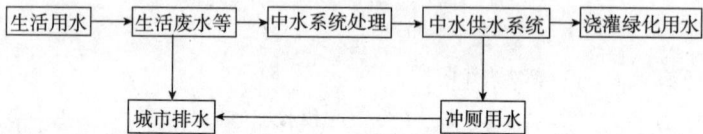

**图 1-43 建筑中水系统**

### 2. 建筑小区中水系统

小区中水系统是指在新(改、扩)建的居住小区、商住区、校园和机关大院等建筑小区内建立的中水系统。在建筑小区内建筑物较集中时,宜采用此系统,如图 1-44 所示。该系统的原水取自建筑小区的公共排水系统,以小区内各建筑物排放的优质杂排水、杂排水或雨水等其他水源作为原水,经过中水处理系统的处理后,通过小区配水管网输送至各个建筑物内或浇洒绿化。因供水范围大,易于形成规模效益,实现污废水资源化和小区生态环境的建设。

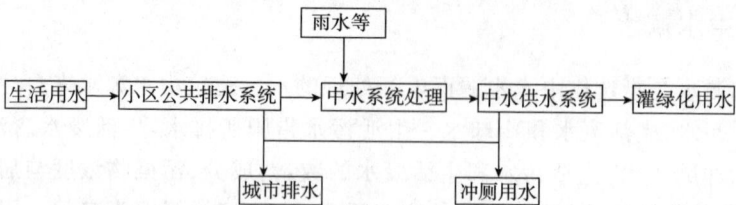

**图 1-44 小区中水系统**

### 3. 城镇中水系统

城镇中水系统是以城镇二级污水处理厂(站)的出水和雨水作为中水的水源,再经过城镇中水处理设施的处理,达到中水水质标准后作为城镇杂用水使用的系统,目前采用较少,如图 1-45 所示。该系统中水的原水主要来自城市污水处理厂,用雨水等其他水源作为补充水。

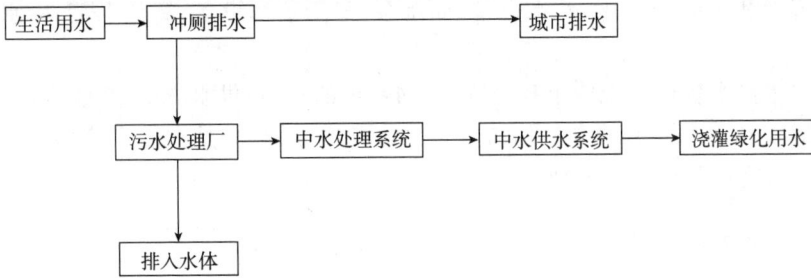

图 1-45　城镇中水系统

## 三、中水系统的组成

中水系统一般由中水原水系统、中水处理系统和中水供水系统三部分组成。

### 1. 中水原水系统

指收集、输送中水原水到中水处理设施的管道系统和附属构筑物,有污、废水分流制和合流制两类系统。建筑中水系统多采用分流制中的优质杂排水或杂排水作为中水水源。

### 2. 中水处理系统

中水处理系统可分为前处理、主要处理和后处理三个阶段,如图 1-46 所示。

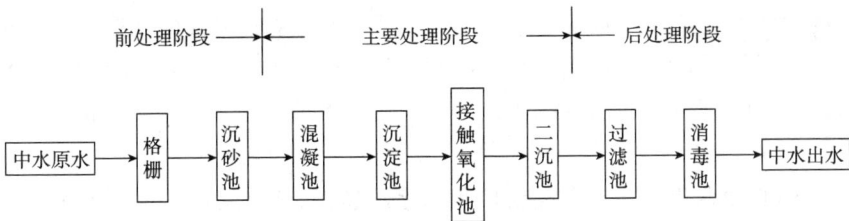

图 1-46　中水生物处理工艺流程

(1)前处理阶段。主要是截留中水原水中较大的漂浮物、悬浮物和杂物,分离油脂,调节水量和 pH 值等,其处理设施主要有格栅、沉砂池、化粪池和隔油池等。

(2)主要处理阶段。主要是去除原水中的有机物、无机物等,其处理设施主要有混凝池、沉淀池和生物处理反应池等。

(3)后处理阶段。主要是对中水水质要求较高的用水进行深度处理,常用的处理方法或工艺有膜滤、活性炭吸附和消毒等,其处理设施主要有过滤池、吸附池、消毒池等。

### 3. 中水供水系统

指将中水处理站处理后的中水输送到各中水用水点的管网系统,包括中水供水管网和相应的增压、贮水设备,如水泵、气压给水设备、高位水箱、中水贮水池等。

中水供水管道系统应单独设置,管网系统的类型、供水方式、系统组成、管道敷设形式和水力计算的方法均与给水系统基本相同,只是在供水范围、水质、使用等方面有些限定和特殊要求。

### 四、安全防护措施

中水系统可节约水资源,减少环境污染,具有良好的综合效益,但也有不安全的一面。中水供水的水质低于生活饮用水水质,中水系统与生活给水系统的管道、附件和调蓄设备在建筑物内共存,生活饮用水又是中水系统日常补给和事故应急水源,且中水工程在我国刚刚推广应用,一般居民对中水了解不多,有误把中水当作饮用水使用的可能,为了供水安全可靠,在设计中应特别注意安全防护措施。

#### 1. 中水处理设施应安全稳定运行,出水水质达到生活杂用水水质标准

因排水的不稳定性,在主要处理前应设调节池,连续运行时,调节池的调节容积按日处理量的 30%～40%计算;间歇运行时,调节容积为设备最大连续处理水量的 1.2 倍。

中水高位水箱的容积不小于日中水用水量的 5%。

因中水处理站的出水量与中水用水量不一致,在处理设施后应设中水储存池。连续运行时,中水储水池调节容积按日处理水量的 200%～0 计算;间歇运行时,可按处理设备连续运行期间内,设备处理水量与中水用水量差值的 1.2 倍计算。

#### 2. 避免中水管道系统与生活饮用水系统误接,污染生活饮用水水质

中水管道严禁与生活饮用水管道直接连接,向中水水箱或水池补给生活饮用水的管道应高出最高水位 2.3 倍管径以上,用空气进行隔断。中水管道与生活饮用水管道、排水管道平行埋设时,水平净距不小于 0.5m;交叉埋设时,中水管道在饮用水管道下面,排水管道上面,其净距不小于 0.5m。

#### 3. 为避免发生误饮,室内中水管道不宜暗装

明装的中水管道外壁应涂浅绿色标志。中水水往、水箱、阀门、给水栓均应有明显的"中水"标志。中水管道上不得装水龙头,便器冲洗宜采用密闭型设备和器具,绿化、浇洒、汽车冲洗宜采用壁式或地下式给水栓。

另外,中水处理站管理人员需经过专门培训后再上岗,也是保证中水水质的一个重要条件。

# 第二章　建筑排水系统

## 第一节　建筑排水系统的分类及组成

### 一、建筑排水系统的分类

建筑排水系统的任务,就是将建筑物内卫生器具和生产设备产生的污废水、降落在屋面上的雨雪水加以收集后,顺畅地排放到室外排水管道系统中,便于排入污水处理厂或综合利用。

根据系统接纳的污废水类型,建筑排水系统可分为三大类。

**1. 生活排水系统**

生活排水系统排除居住建筑、公共建筑及工厂生活间的污废水。

有时,由于污废水处理、卫生条件或杂用水水源的需要,把生活排水系统又进一步分为排除冲洗便器的生活污水排水系统和排除盥洗、洗涤废水的生活废水排水系统。生活废水经过处理后,可作为杂用水,用来冲洗厕所、浇洒绿地和道路、冲洗汽车等。

**2. 生产排水系统**

生产排水系统排除工艺生产过程中产生的污废水。为便于污废水的处理和综合利用,按污染程度可分为生产污水排水系统和生产废水排水系统。生产污水污染较重,需要经过专门处理,达到排放标准后排放;生产废水污染较轻,如机械设备冷却水,生产废水可作为杂用水水源,也可经过简单处理后(如降温)回用或排入水体。

**3. 屋面雨水排水系统**

专门排除屋面雨水、雪水的系统。雨水、雪水较清洁,可以直接排入水体或城市雨水系统。

### 二、建筑排水系统的组成

室内排水的主要任务是将自卫生器具和生产设备排出的污水迅速地排到室

外排水—管道系统中去,并为室外污水的处理和综合利用提供条件。同时,还应考虑减小管道内的气压波动,使其尽量稳定,以防止系统中存水弯的水封被破坏,否则室外排水管道中的有害气体、臭气、有害虫类将通过排水管进入室内,污染室内工作和生活环境。

建筑内部排水系统的基本组成部分为:卫生器具或生产设备的受水器、排水管道、清通部件和通气管道,见图 2-1(在有些排水系统中,根据需要还设有污废水的提升设备和局部处理构筑物)。

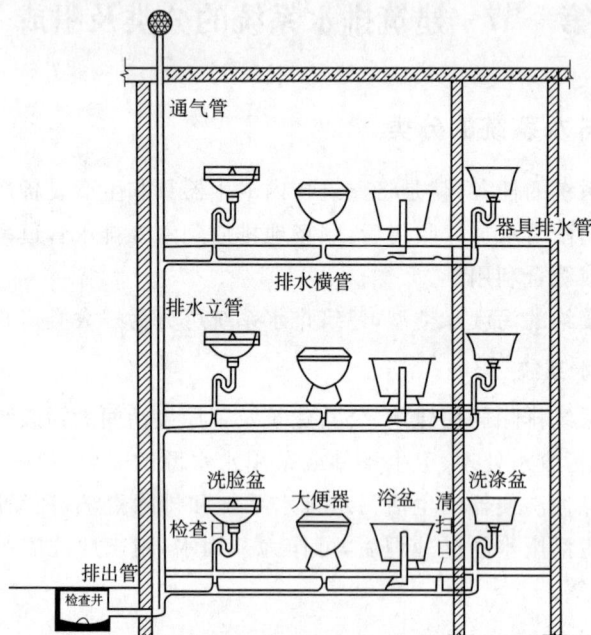

图 2-1　建筑排水系统

### 1. 污水和废水收集器具

污水和废水收集器具是排水系统的起端,用来承受用水和将使用后的废水、废物排泄到排水系统中的容器,主要指各种卫生器具、收集和排除工业废水的设备等。

### 2. 水封装置

水封装置设置在污水、废水收集器具的排水口下方,或器具本身构造设置有水封装置,其作用是阻挡排水管道中的臭气和其他有害、易燃气体及虫类进入室内造成危害。

(1)水封的作用

水封是利用一定高度的静水压力来抵抗排水管内气压变化,防止管内气体进入室内的措施。水封设在卫生器具排水口下,通常用存水弯来实施。水封有管式、瓶式和筒式等多种形式。常用的管式存水弯有 P 形和 S 形和 U 形。见图 2-2。国内外一般将水封高度定为 $50 \sim 100mm$。水封底部应设清通口,以利于清通。S 形存水弯用于和排水横管垂直连接的场所;P 形存水弯用于和排水横管或排水立管水平直角连接的场所;瓶式存水弯及带通气装置的存水弯一般明设在洗脸盆或洗涤盆等卫生器具的排出管上,形式较美观;存水盒与 S 形存水弯相同,安装较灵活,便于清掏。一般可两个卫生器具合用一个存水弯,或多个卫生器具共用一个。

(2)水封破坏

因静态和动态原因造成存水弯内水封高度减少,不足以抵抗管道内允许的压力变化值时($\pm 25mmH_2O$),管道内气体进入室内的现象叫水封破坏。在一个排水系统中,只要有一个水封破坏,整个排水系统的平衡就被打破。水封的破坏与水封的强度有关。水封强度是指存水弯内水封抵抗管道系统内压力变化的能力,其值与存水弯内水量损失有关。水封水量损失越多,水封强度越小,抵抗管内压力波动的能力越弱,

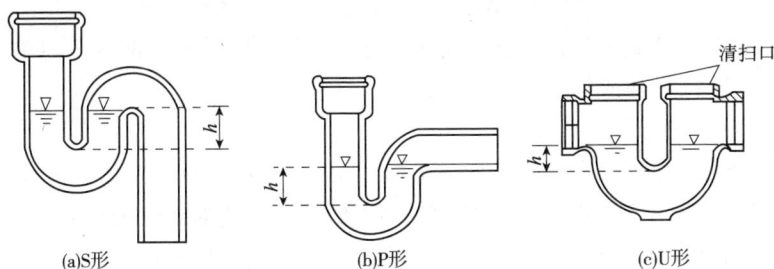

图 2-2 存水弯

### 3. 排水管道

排水管由器具排水管、排水横支管、排水立管、埋设在地下的排水干管和排出室外的排出管等组成,其作用是将污(废)水迅速安全地排出室外。

### 4. 通气管

通气管是指在排水管系中设置的与大气相通的管道。设置通气管目的是能向排水管内补充空气,使水流畅通,减少排水管内的气压变化幅度,防止卫生器具水封被破坏,并能将管内臭气排到大气中去。如图 2-3 所示,通气管道有以下几种类型:

1)伸顶通气管

污水立管顶端延伸出屋面的管段称为伸顶通气管,用于通气及排除臭气,为排水管系最基本的通气方式。生活排水管道或散发有害气体的生产污水管道均应设置伸顶通气管。伸顶通气管应高出屋面 0.3m 以上,如果有人停留的平屋

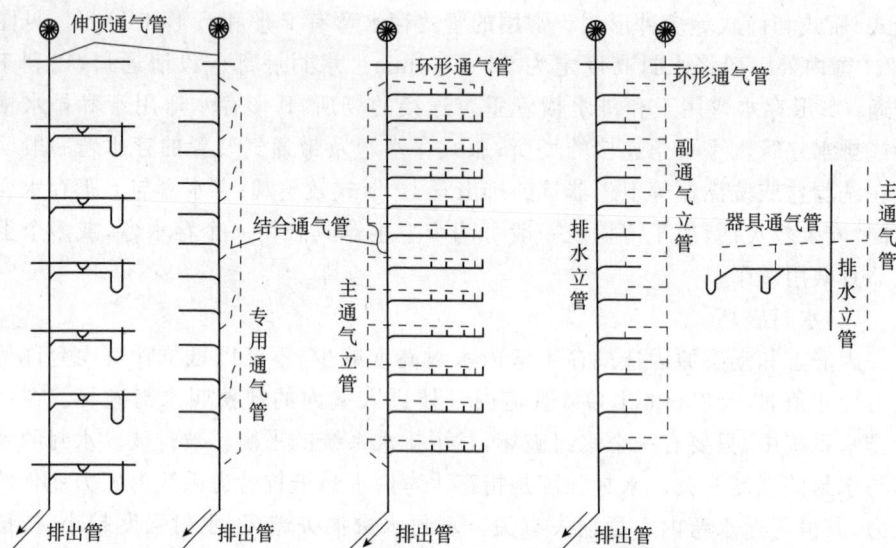

图 2-3　建筑排水系统通气方式示意图

面,应大于 2m,且应大于最大积雪厚度。伸顶通气管不允许或不可能单独伸出屋面时,可设置汇合通气管。

2)专用通气管

其是指仅与排水立管连接,为污水立管内空气流通而设置的垂直管道。当生活排水立管所承担的卫生器具排水设计流量超过排水立管最大排水能力时,应设专用通气立管。建筑标准要求较高的多层住宅、公共建筑、10 层及以上高层建筑宜设专用通气立管。

3)环形通气管

适用于连接 4 个及 4 个以上卫生器具且横支管的长度大于 12m 的排水横支管以及连接 6 个及 6 个以上大便器的污水横支管,也适用于设有卫生器具的通气管。设置环形通气管的同时应设置通气立管,通气立管与排水立管可用同边设置(称主立管),也可分开设置(称副通气管)。

4)器具通气管

其是指卫生器具存水弯出口端一定高度处接至主通气立管的管段,可防止卫生器具产生自虹吸现象和噪声。对卫生安静要求高的建筑物,生活污水管宜设器具通气管。

5)结合通气管

其是指排水立管与通气立管的连接管段。其作用是,当上部横支管排水,水流沿立管向下流动,水流前方空气被压缩,通过它释放被压缩的空气至通气立管。设有专用通气立管或主通气立管时,应设置结合通气管。

通气管管径一般应比相应排水管管径小1～2级,其最小管径见表2-1,当通气立管长度大于50m时,通气管管径应与排水立管相同。伸顶通气管管径宜与排水立管相同。

表 2-1　通气管最小管径

| 通气管名称 | 排水管管径(mm) | | | | | | |
| --- | --- | --- | --- | --- | --- | --- | --- |
| | 40 | 50 | 75 | 90 | 110 | 125 | 160 |
| 器具通气管 | 40 | 40 | — | — | 50 | — | — |
| 环形通气管 | — | 40 | 40 | 40 | 50 | 50 | — |
| 通气立管 | — | — | — | — | 75 | 90 | 110 |

### 5. 清通设备

污水中含有杂质,容易堵塞管道,为了清通建筑内部排水管道,保障排水畅通,需在排水系统中设置清扫口、检查井、室内埋地横干管上的检查井等清通构筑物。

1)清扫口。清扫口一般设在排水横管上,用于单向清通排水管道,尤其是各层横支管连接卫生器具较多时,横支管起点均应装设清扫口,如图2-4(a)所示。当连接2个及2个以上的大便器或3个及3个以上的卫生器具的污水横管、水流转角小于135°的污水横管时,均应设置清扫口。清扫口安装不应高出地面,必须与地面平齐。

2)检查口。检查口是一个带盖板的短管,拆开盖板可清通管道,如图2-4(b)所示。检查口通常设置在排水立管上及较长的水平管段上,在建筑物的底层和设有卫生器具的二层以上建筑的最高层排水立管上必须设置,其他各层可每隔两层设置一个;立管如装有乙字管,则应在该层乙字管上部装设检查口;检查口设置高度一般以从地面至检查口中心1m为宜。

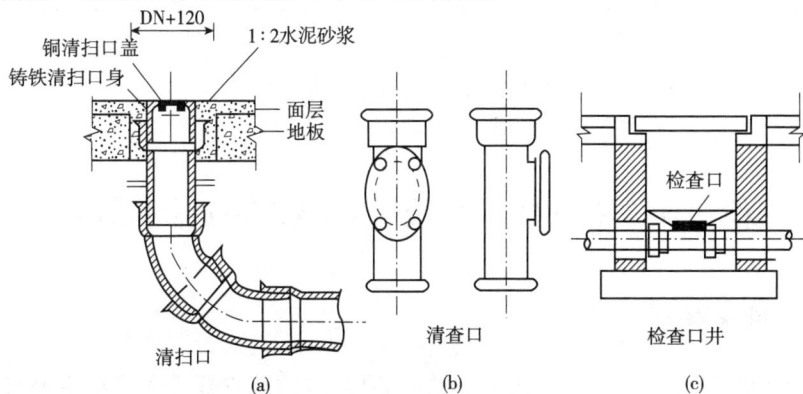

图 2-4　清通设备

3)室内检查井。对于不散发有害气体或大量蒸汽的工业废水排水管道,在管道转弯、变径、坡度改变、连接支管处,可在建筑物内设检查井如图 2-4(c)所示。对于生活污水管道,因建筑物通常设有地下室,故在室内不宜设置检查井。

### 6. 提升设备

各种建筑的地下室中的污废水不能自流排至室外检查井,须设置污、废水提升设备。建筑内部污废水提升包括污水泵的选择、污水集水池(进水间)容积的确定和污水泵房设计,常用的污水泵有潜水泵、液下泵和卧式离心泵。

### 7. 局部处理构筑物

当室内污水未经处理不允许直接排入城市排水系统或水体时需设置局部处理构筑物。常用的局部水处理构筑物有化粪池、隔油井和降温池,如图 2-5 所示。

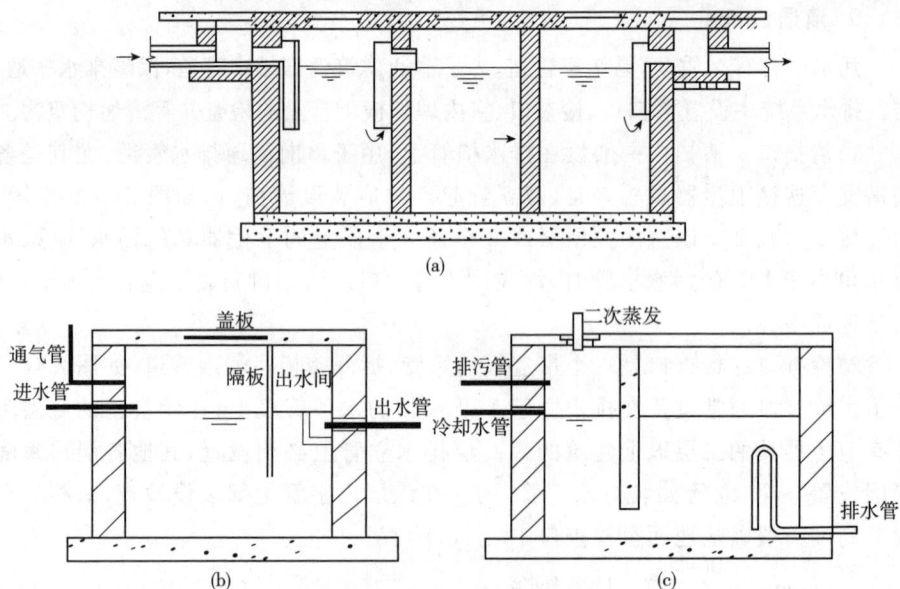

图 2-5 污水局部处理构筑物

(a)化粪池;(b)隔油井;(c)降温池

## 第二节 建筑排水系统管材、管件及排水器具

### 一、排水管材

按管道设置地点、条件及污水的性质和成分,建筑内部排水管材主要有塑料管、铸铁管、钢管和带釉陶土管。工业废水还可用陶瓷管、玻璃钢管、玻璃管等。

## 1. 铸铁管

铸铁管采用承插连接,不承受较大压力,常用于一般的生活污水、雨水、工业废水排水管道。铸铁管是目前使用最多的管材,管径在 50～200mm 之间。

铸铁排水管的优点有:抗腐蚀性好、经久耐用、价格便宜、适宜埋地敷设;但缺点是:性脆、重量大、施工比钢管困难。常用于建筑物内生活污水管道、室外雨水管道及工业建筑中振动不大的生产污废水排水管道。

## 2. 塑料管

常用塑料管有聚氯乙烯(UPVC)管、聚丙烯(PP-R)管、聚乙烯(PE)管等,目前在建筑内使用的排水塑料管是硬聚氯乙烯塑料管(简称 UPVC 管)。

硬聚氯乙烯塑料管(简称 UPVC 管),具有质量轻、不结垢、耐腐、外壁光滑、易切割粘接、便于安装、投资省和节能的优点。但塑料管也有强度低、耐温性差(使用温度在-5～+50℃之间)、立管易产生噪声、暴露于阳光下管道易老化、防火性能差等缺点。

## 3. 钢管

钢管主要用作洗脸盆、小便器、浴盆等卫生器具与横支管间的连接短管,管径规格为 32mm、40mm、50mm。在工厂车间内振动较大的地点也可用钢管代替铸铁管。

## 4. 带釉陶土管

带釉陶土管耐酸碱腐蚀,主要用于排放腐蚀性工业废水;室内生活污水埋地管也可用陶土管。

## 二、排水附件

### 1. 地漏

地漏装在地面,是地面与排水管道系统连接的排水器具,排除的是地面水,用于淋浴间、盥洗间、卫生间、水泵房等装有卫生器具处。地漏的用处很广,不但具有排泄污水的功能,装在排水管道端头或管道接点较多的管段可代替地面清扫口起到清掏作用。

地漏安装时,应放在易溅水的卫生器具附近的地面最低处,一般要求其算子顶面低于地面 5～10mm。地漏的样式较多,一般有以下几种:普通地漏、高水封地漏、多用地漏、双算杯式水封地漏、防回流地漏,常见地漏及特点见表 2-2。

表 2-2  几种常见类型的地漏

| 地漏形式 | 图　示 | 特　点 |
|---|---|---|
| 扣碗式（或称钟罩式）地漏 | 目前已被新的结构形式的地漏所取代 | 水封较浅，一般为 25～30mm，易发生水封被破坏或水面蒸发等现象，使用时须经常加水。这种地漏施工不当易造成地面漏水，因为地漏本身无任何防水设施。在积存污物较多时，易造成堵塞，且不易清除。 |
| 高水封地漏 | 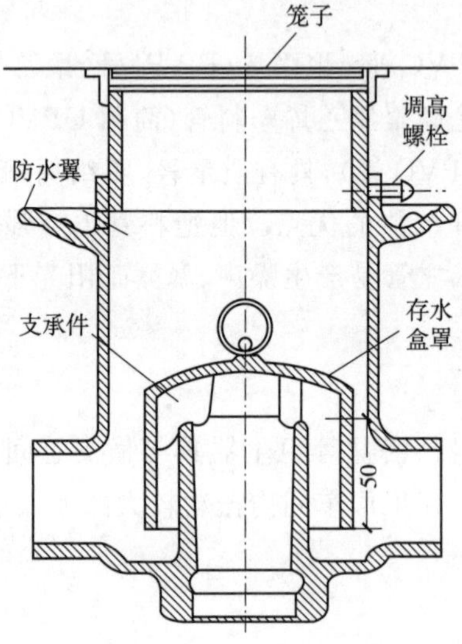 | 或称地漏存水盒。其水封高度不小于 5mm，并设防水翼环；地漏盖为盒状，可随地面的不同作法，根据所需要的安装高度进行调节。施工时，将翼环放在结构板面，板面以上的厚度，可随建筑所要求的面层作法调整盖面标高。<br>　这种地漏还附有单侧和双侧通道，可按实际情况选用。 |
| 多通道式地漏 | 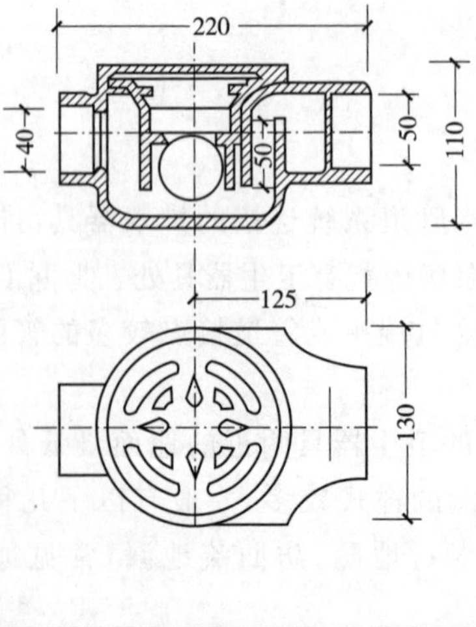 | 它一般埋设在楼板的面层内，高度为 110mm，有单通道、双通道、三通道等多种形式，水封高度为 50mm，一般内装塑料球以防回流。三通道地漏提供多种用途，除能排泄地面水外，还可连接洗脸盆或洗衣机的排出水，其侧向通道还可连接浴盆的排水。其缺点是所连接的排水横支管均为暗设，维修较麻烦。 |

高水封地漏图示标注：笼子、调高螺栓、防水翼、支承件、存水盒罩、50

多通道式地漏图示标注：220、40、50、110、125、130

（续）

| 地漏形式 | 图　示 | 特　点 |
|---|---|---|
| 双篦杯式水封地漏 |  | 内部水封盒采用塑料制造,形如杯子,水封高度 6mm,易清洗、较卫生。地漏内的排水孔分布合理、排泄量大、排水快,采用双篦有利于阻流污物。这种地漏另附有塑料密封盖,可防止施工时水泥、砂石等从篦子进入排水管道。平时用户不需使用地漏时,也可利用塑料盖将地漏盖死。 |
| 防回流地漏 |  | 适用于地下室或深层地面(如电梯井、地下通道)的排水,地漏内设防回流装置,可防止排水干管排水不畅水面升高所导致的污水回流一般有附浮球的钟罩形地漏或塑料球的单通道地漏,也可采用一般地漏附回流止回阀。 |

## 2. 隔油具

厨房或配餐间的洗肉、鱼、碗等的含油脂污水,从洗涤池排入下水道前,需先进行初步的隔油处理。这种隔油装置简称隔油具(见图 2-6),它装在室

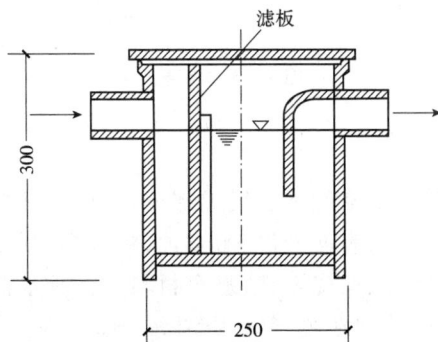

图 2-6　隔油具

内靠近水池的台板下面,经过一定时间可打开隔油具将浮积在上面的油脂清除掉。也可几个水池连接横管上设一公用的隔油具,但应注意隔油具前段管道不要太长。即使在室外设有公用隔油池时,也不可忽视室内设置隔油具的作用。

### 3. 滤毛器

理发室、游泳池、浴室的排水往往夹杂有毛发等絮状物,堆积多时易造成管道阻塞,故上述场所的排水管应先经滤毛器后再与室外排水管连接。滤毛器一般为钢制,内设孔径为 3mm 或 5mm 的滤网,并应进行防腐处理。为了方便定期清除,其设置位置必须考虑能打开盖子、便于清掏,适用地面(如淋浴室地面)排水的滤毛器见图 2-7。

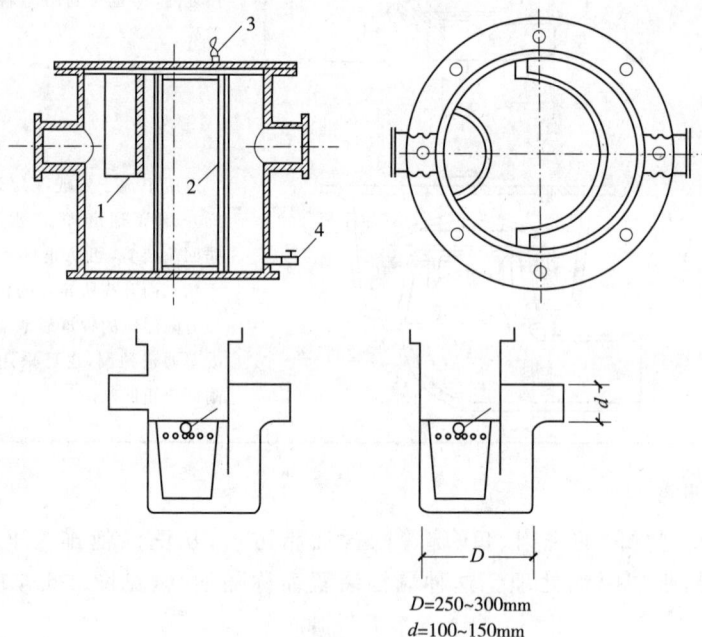

$D=250\sim300mm$
$d=100\sim150mm$

图 2-7 滤毛器

## 三、排水器具

排水器具是建筑排水系统的重要组成部分,人们对其功能和质量的要求越来越高。排水器具一般采用表面光滑、耐腐蚀、耐磨损、耐冷热、便于清扫、有一定强度的材料制造,如陶瓷、搪瓷生铁、复合材料等。排水器具正向着冲洗功能强、节水消声、便于控制、造型新颖、色彩协调等方面发展。

排水器具可分为:便溺器具、盥洗器具、淋浴器具、洗涤器具。

### 1. 便溺器具

便溺用器具设置在卫生间和公共厕所,用来收集生活污水。便溺器具包括便器和冲洗设备。

(1)大便器

大便器有坐式大便器和蹲式大便器两种,坐式大便器都自带存水弯,一般用于卫生间。蹲式大便器一般用于普通住宅、集体宿舍、公共建筑物的公用厕所和防止接触传染的医院内厕所,蹲式大便器比坐式大便器的卫生条件好,但蹲式大便器不带存水弯,设计安装时需另外配置存水弯。坐式大便器按冲洗的水力原理分为冲洗式和虹吸式两种,见图 2-8。

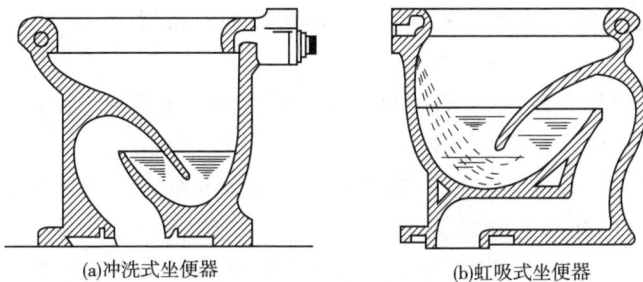

(a)冲洗式坐便器　　　　　　　　　(b)虹吸式坐便器

图 2-8　坐便器

(2)小便器

设于公共建筑的男厕所内,有的住宅卫生间内也需设置。小便器有挂式、立式两类。其中立式小便器用于标准高的建筑。小便器的冲洗设备常采用按钮式自闭式冲洗阀,既满足冲洗要求,又节约冲洗水量。

(3)大便槽

大便槽用于学校,火车站、汽车站、游乐场等人员较多的场所,代替成排的蹲式大便器。大便槽造价低,便于采用集中自动冲洗水箱和红外线数控冲洗装置(见图 2-9),既节水又卫生,在使用频繁的建筑物中,大便槽最宜采用自动冲洗水箱进行定时冲洗。

(4)小便槽

小便槽用于工业企业、公共建筑和集体宿舍等建筑的卫生间。小便槽的冲洗设备常采用多孔管冲洗,多孔管口径 2mm,与墙成 45°安装,可设置高位水箱或手动阀。多孔管常采用塑料管和不锈钢管。

### 2. 盥洗及洗浴器具

(1)洗脸盆一般用于洗脸、洗手和洗头,设置在盥洗室、浴室、卫生间及理发室内。洗脸盆的高度及深度适宜,盥洗时不用弯腰、较省力,使用不溅水,可用流

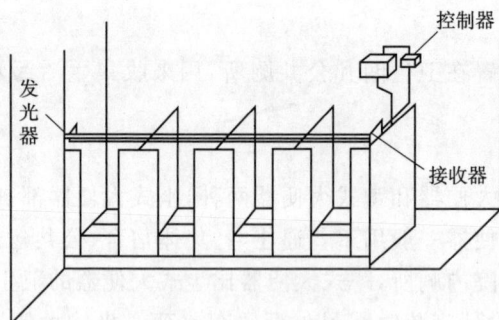

图 2-9　光电数控冲洗大便槽

动水盥洗比较卫生。洗脸盆有长方形、椭圆形和三角形,安装方式有墙架式、柱脚式和台式。

(2)盥洗槽用瓷砖、水磨石等材料现场建造的卫生设备。设置在同时有多人使用的地方,如集体宿舍、车站、工厂生活间等。

(3)浴盆设在住宅、宾馆、医院等卫生间或公共浴室。浴盆配有冷热水管或混合龙头。有的还配有淋浴设备。

一种装有水力按摩装置,可以进行水力理疗,具有保健功能的浴盆叫旋涡浴盆,其附带的旋涡泵装在浴盆下面,使浴水不断经过洗浴者,进行循环。有的进水口还附有挟带空气的装置,水流方向和冲力可以调节,气水混合的水流不断接触人体,起按摩作用。

(4)淋浴器多用于工厂、学校、机关、部队公共浴室和集体宿舍、体育馆内。

与浴盆相比,淋浴器具有占地面积小,设备费用低,耗水量小,清洁卫生,避免疾病传染的优点。

(5)净身盆与大便器配套安装,供便溺后洗下身用,更适合妇女和痔疮患者使用。一般用于宾馆高级客房的卫生间内,也用于医院、工厂的妇女卫生室内。

### 3. 洗涤器具

(1)洗涤盆。常设置在厨房或公共食堂内,用来洗涤碗碟、蔬菜等(图 2-10)。洗涤盆有单格和双格之分,材质为陶瓷、水磨石、不锈钢等。

(2)化验盆

化验盆通常都是陶瓷制品,设置在工厂、科研机关和学校的化验室或实验室内,盆内已带水封,排水管上不需装存水弯,也不需盆架,用木螺丝直接固定在实验台上。盆的出口配有橡皮塞。可根据使用要求设置单联、双联或三联鹅颈龙头。

(3)污水盆

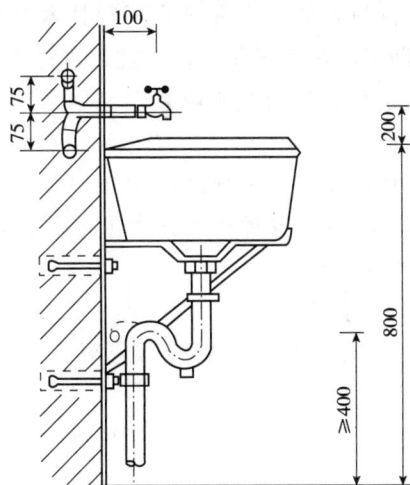

图 2-10　洗涤盆安装图

污水盆设置在公共建筑的厕所、盥洗室内,供洗涤拖把、打扫厕所或倾倒污水用。污水盆的深度为 400～500mm,多为水磨石或水泥砂浆抹面的钢筋混凝土制品。

# 第三节　高层建筑排水系统

## 一、高层建筑排水的特点

高层建筑的特点是:楼层数多,建筑物总高度大,每栋建筑的建筑面积大,使用功能多,在建筑内工作、生活的人数多。由于用房远离地面,要求提供有比一般低层建筑更完善的工作和生活保障设施,创造卫生、舒适和安全的人造环境。因此,高层建筑中设备多、标准高、管线多,且建筑、结构、设备在布置中的矛盾也多,设计时必须密切配合,协调工作。为使众多的管道整齐有序敷设,建筑和结构设计布置除满足正常使用空间要求之外,还必须根据结构、设备需要合理安排建筑设备、管道布置所需空间。

高层建筑排水设施的特点是服务人数多、使用频繁、负荷大,特别是排水管道,每一条立管负担的排水量大、流速高。因此要求排水设施必须可靠、安全,并尽可能少占空间,如采用强度高、耐久性好的金属管道或塑料管道以及相配的弯头等配件等。

## 二、高层建筑排水系统的类型

高层建筑排水系统从排水体制来划分,可以分为合流制排水系统与分流制排水系统。根据我国环保事业的发展和排水工程技术的发展要求,高层建筑宜采用分流制排水系统,即生活污水经化粪池处理后再排入市政排水管道,而生活废水单独排放。缺水区也可将生活废水收集后经中水系统处理后,再用作厕所冲洗水和浇洒用水。

高层建筑排水系统从通用方式来划分,可以分为:

(1)伸顶通气管的排水系统,这种通风方式在高层建筑中一般不用;

(2)设专用通气管的排水系统;

(3)设器具通气管的排水系统;

(4)特殊单立管排水系统,这种排水系统,仅须设置伸顶通气管即可改善排水能力;

(5)不透气的生活排水系统,高层建筑低层中独立设置的排水系统,地下室采用抽升排水系统。

高层建筑的排水立管,沿途接纳许多排水设备,这些排水设备同时排水的概率较大。这时,立管中的水流量大,容易形成的柱塞流,造成立管的下部气压急剧变化,从而破坏卫生器具的水封,这是高层建筑中排水系统应着重注意的问题。高层建筑常用的排水管通气系统是特殊单立管排水系统,主要包括以下两种类型。

### 1. 苏维托立管系统

苏维托排水系统是采用一种汽水混合或分离的配件来代替一般零件的单立管排水系统,如图 2-11(a)所示,它包括汽水混合器和气水分离器两个基本配件。

(1)汽水混合器

苏维托排水系统中的汽水混合器是由长约 80cm 的连接配件装设在立管与每层楼横支管的连接处,见图 2-11(b)。横支管接入口有三个方向;混合器内部有乙字弯、隔板和隔板上部约 1cm 高的孔隙。

自立管下降的污水经乙字弯管时,水流撞击分散并与周围空气混合成水沫状汽水混合物,比重变轻,下降速度减缓,减小抽吸力;横支管排出的水受隔板阻挡,不能形成水舌,能保持立管中气流通畅、气压稳定。

(2)气水分离器

苏维托排水系统气水分离器中的跑气器通常装设在立管底部,是由具有凸块的扩大箱体及跑气管组成的一种配件,见图 2-11(c)。

跑气器的作用是:沿立管流下的气水混合物遇到内部的凸块溅散,从而把气体(70%)从污水中分离出来,由此减少了污水的体积,降低了流速,并使立管和横干管的泄沉能力平衡,气流不在转弯处被阻塞;另外,将释放出的气体用一根跑气管引到干管的下游(或返向上接至立管中去),这就达到了防止立管底部产生过大反(正)压力的目的。

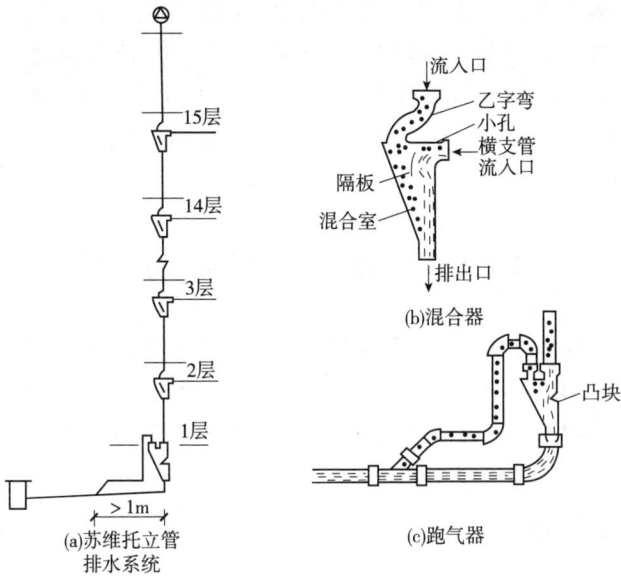

图 2-11 苏维托排水系统

### 2. 旋流单立管排水系统

旋流单立管排水系统,也是由两种管件起作用,一是安于横支管与立管相接处的旋流器,二是立管底部与排出管相接处的大曲率导向弯头,如图 2-12 所示。旋流器由主室和侧室组成。主侧室之间有一侧壁,用以消除立管流水下落时一

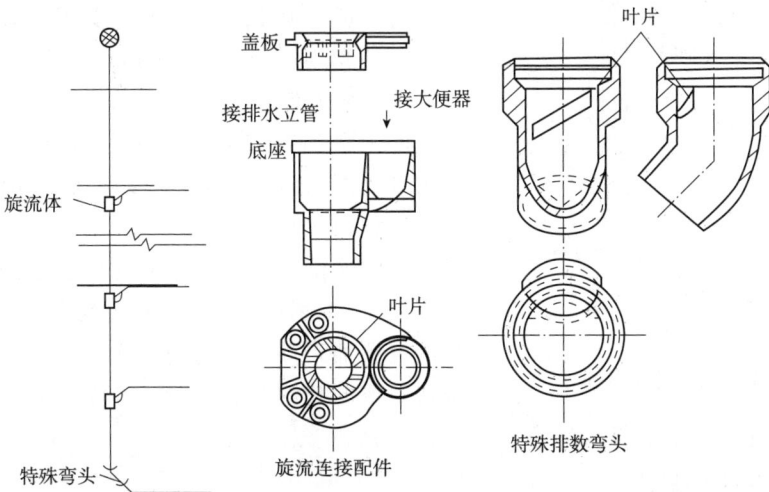

图 2-12 旋流单立管排水系统

对横支管的负压吸引。

立管下端装有满流叶片,能将水流整理成沿立管纵轴旋流状态向下流动,这有利于保持立管内的空气芯,维持立管中的气压稳定,能有效地控制排水噪声。大曲率导向弯头是在弯头凸岸设有一导向叶片,叶片迫使水流贴向凹岸一边流动,减缓了水流对弯头的撞击,消除部分水流能量,避免了立管底部气压的太大变化,理顺了水流。

# 第四节　建筑雨水排水系统

降落在屋面的雨水和雪,特别是暴雨,在短时间内会形成积水,需要设置屋面雨水排水系统,有组织地将屋面雨水及时排除,否则会造成四处溢流或屋面漏水,形成水患,影响人们的生活和生产活动。屋面雨水的排除系统按雨水管道的位置分为外排水系统和内排水系统。

## 一、外排水系统

雨水外排水是指屋面不设雨水斗,雨水管道设置在建筑物外部的排水方式。外排水系统分为檐沟外排水系统和天沟外排水系统。

### 1. 檐沟外排水

檐沟外排水是由檐沟和水落管组成,见图 2-13。雨水沿屋面集流、引入檐沟,在檐沟内设雨水收集口,将雨水引入雨水斗,经落水管、连接管等排出。水落管多用镀锌铁皮管或者铸铁管,镀锌铁皮管为方形,断面尺寸一般为 80mm×100mm 或者 80mm×120mm,铸铁管管径为 75mm 或者 100mm。根据降雨量和管道的通水能力确定 1 根水落管服务的屋面面积,再根据屋面形状和面积确定水落管的间距。

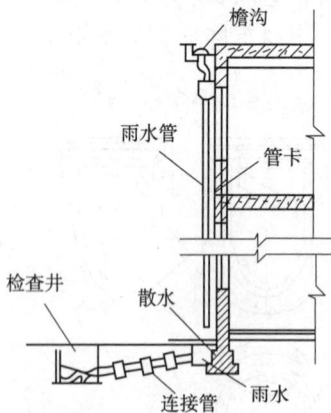

图 2-13　檐沟外排水

檐沟外排水系统各部分均设于室外,排水系统简单,不影响室内使用,不会因本排水系统的设置而产生室内水患。适用于一般屋面构造简单的建筑屋面排水,如普通住宅、一般公共建筑和小型单跨厂房等。

### 2. 天沟外排水

该系统由天沟、雨水斗、雨水立管、检查井等组成,见图 2-14。天沟设置在两跨中间并坡向端墙(山墙、女儿墙)。降落到屋面的雨水沿屋面汇集到天沟,沿天沟流至建筑物端墙处进入雨水斗,经立管排至地面或雨水井。

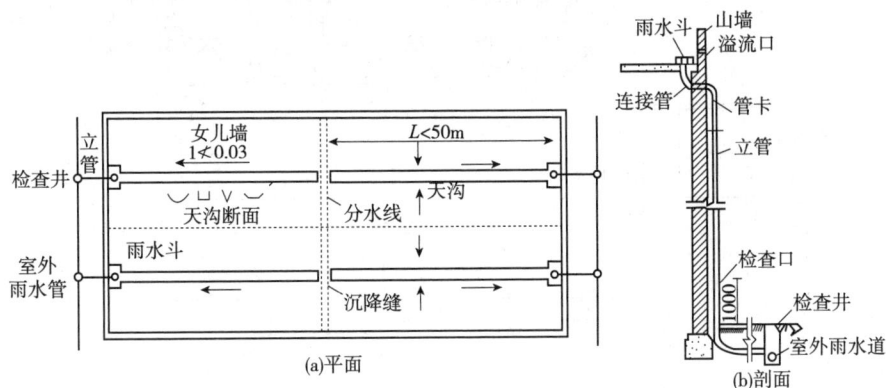

**图 2-14　天沟外排水**

天沟外排水系统优点是雨水系统各部分均设置于室外,室内不会由于雨水系统的设置而产生水患。但也有缺点,一是天沟必须有一定的坡度,才可达到天沟排水要求,这需增大隔热层厚度,从而增大屋面负荷;另外,天沟防水很重要,一旦天沟漏水,则影响房屋的使用。天沟外排水一般适用于大型屋面排水,特别是多跨的厂房屋面多采用天沟外排水系统排水。

天沟外排水方式在屋面不设雨水斗,管道不穿过屋面,排水安全可靠,不会因施工不善造成屋面漏水或检查井冒水,且节省管材,施工简便,有利于厂房内空间利用,也可减小厂区雨水管道的埋深。但因天沟有一定的坡度,而且较长,排水立管在山墙外也存在着屋面垫层厚、结构负荷增大,晴天屋面堆积灰尘多、雨天天沟排水不畅,寒冷地区排水立管可能冻裂的缺点。

## 二、内排水系统

内排水是指屋面设雨水斗,建筑物内部有雨水管道的雨水排水系统。对于跨度大、特别长的多跨工业厂房,在屋面设天沟有困难的锯齿形或壳形屋面厂房及屋面有天窗的厂房应考虑采用内排水形式。对于建筑立面要求高的高层建筑、大屋面建筑及寒冷地区的建筑,在墙外设置雨水排水立管有困难时,也可考虑采用内排水形式。

### 1. 内排水系统的组成

雨水内排水是指屋面设雨水斗,雨水管道设置在建筑物内部的排水方式。该系统由雨水斗、连接管、悬吊管、立管、排出管、埋地干管和检查井组成,见图 2-15。降落到屋面上的雨水沿屋面流入雨水斗,经连接管、悬吊管进入排水立管,再经排出管流入雨水检查井或经埋地干管排至室外雨水管道。

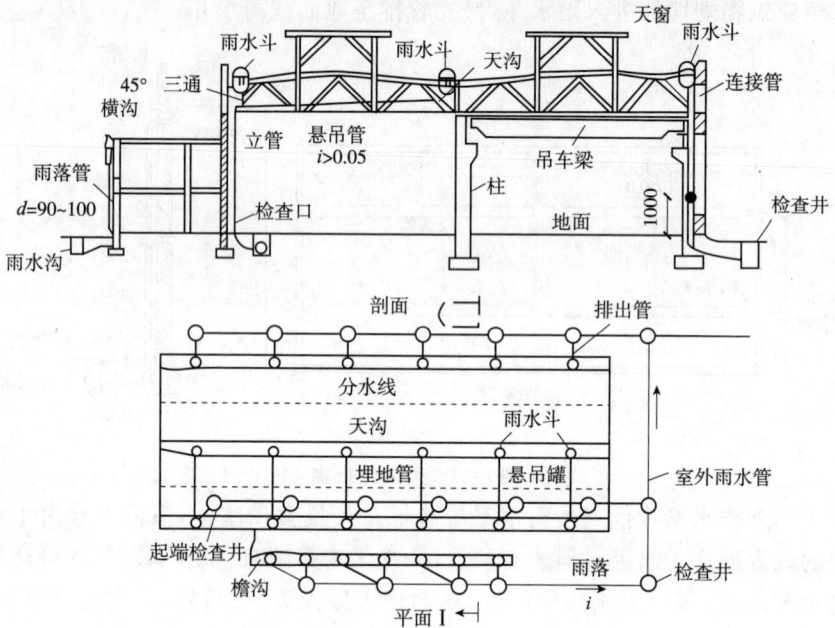

图 2-15　屋面内排水系统

### 2. 内排水系统的分类

按每根立管接纳的雨水斗的个数,内排水系统分为单斗和多斗雨水排水系统。单斗系统一般不设悬吊管,多斗系统中悬吊管将雨水斗和排水立管连接起来。因为对单斗雨水排水系统的水力工况已经作了一些实验研究,获得了初步的认识,设计计算方法和参数比较可靠;而对多斗雨水排水系统研究较少,尚未得出定论,设计计算带有一定的盲目性。所以,为了安全起见,在设计中宜尽量采用单斗雨水排水系统。

按排除雨水的安全程度,内排水系统分为敞开式和密闭式内排水系统。前者是重力排水,雨水经排出管进入普通检查井。若设计和施工不善,当暴雨发生时,会出现检查井冒水现象,雨水漫流室内地面,造成危害。但是,该系统可接纳生产废水,省去生产废水埋地管。敞开式内排水系统也有在室内仅设悬吊管,埋地管和检查井在室外的做法,这种做法虽可避免室内冒水现象,但管材耗量大且悬吊管外壁易结露。

密闭式内排水系统是压力排水。埋地管在检查井内用密闭的三通连接。当雨水排泄不畅时,室内不会发生冒水现象,其缺点是不能接纳生产废水,需另设生产废水排水系统。为了安全可靠,一般宜采用密闭式内排水系统。

# 第五节　建筑给排水工程施工图识读

## 一、常用给水排水图例

　　建筑给水排水图纸上的管道、管件、附件、阀门、卫生器具、设备等均按照《建筑给水排水制图标准》(GB/T50106—2010)使用统一的图例来表示,下面列出了一些常用给水排水图例(表2-3～表2-11)。

表 2-3　管道图例

| 名　　称 | 图　　例 | 名　　称 | 图　　例 |
|---|---|---|---|
| 生活给水管 | —— J —— | 热水给水管 | —— RJ —— |
| 热水回水管 | —— RH —— | 中水给水管 | —— ZJ —— |
| 循环冷却给水管 | —— XJ —— | 循环冷却回水管 | —— XH —— |
| 热媒给水管 | —— RM —— | 热媒回水管 | —— RMH —— |
| 蒸汽管 | —— Z —— | 凝结水管 | —— N —— |
| 废水管 | —— F —— | 压力废水管 | —— YF —— |
| 通气管 | —— T —— | 污水管 | —— W —— |
| 压力污水管 | —— YW —— | 雨水管 | —— Y —— |
| 压力雨水管 | —— YY —— | 虹吸雨水管 | —— HY —— |
| 膨胀管 | —— PZ —— | 保温管 | 〜〜〜 |
| 伴热管 | ═══ | 多孔管 | ✕—✕—✕ |
| 地沟管 | ═══ | 防护套管 | —[▭]— |
| 管道立管 | XL-1 平面　　XL-1 系统 | 空调凝结水管 | —— KN —— |
| 排水明沟 | 坡向 → | 排水暗沟 | 坡向 → |

## 表2-4 管件图例

| 名　称 | 图　例 | 名　称 | 图　例 |
|---|---|---|---|
| 偏心异径管 | | 同心异径管 | |
| 乙字管 | | 喇叭口 | |
| 转动接头 | | S形存水弯 | |
| P形存水弯 | | 90°弯头 | |
| 正三通 | | TY三通 | |
| 斜三通 | | 正四通 | |
| 斜四通 | | 浴盆排水管 | |

## 表2-5 管道连接图例

| 名　称 | 图　例 | 名　称 | 图　例 |
|---|---|---|---|
| 法兰连接 | | 盲板 | |
| 承插连接 | | 弯折管 | 高 低　低 高 |
| 活接头 | | 管道丁字上接 | 高／低 |
| 管堵 | | 管道丁字下接 | 高／低 |
| 法兰堵盖 | | 管道交叉 | 低／高 |

## 表2-6 阀门图例

| 名　称 | 图　例 | 名　称 | 图　例 |
|---|---|---|---|
| 闸阀 | | 气闭隔膜阀 | |
| 角阀 | | 电动隔膜阀 | |
| 三通阀 | | 温度调节阀 | |

（续）

| 名　称 | 图　例 | 名　称 | 图　例 |
|---|---|---|---|
| 四通阀 | | 压力调节阀 | |
| 截止阀 | | 电磁阀 | |
| 蝶阀 | | 止回阀 | |
| 电动闸阀 | | 消声止回阀 | |
| 液动闸阀 | | 持压阀 | |
| 气动闸阀 | | 泄压阀 | |
| 电动蝶阀 | | 弹簧安全阀 | |
| 蝶动蝶阀 | | 平衡锤安全阀 | |
| 气动蝶阀 | | 自动排气阀 | 平面　系统 |
| 减压阀 | | 浮球阀 | 平面　系统 |
| 旋塞阀 | 平面　系统 | 水力液位控制阀 | 平面　系统 |
| 底阀 | 平面　系统 | 延时自闭冲洗阀 | |
| 球阀 | | 感应式冲洗阀 | |
| 隔膜阀 | | 吸水喇叭口 | 平面　系统 |
| 气开隔膜阀 | | 疏水器 | |

表 2-7　卫生设备及水龙头图例

| 名　称 | 图　例 | 名　称 | 图　例 |
|---|---|---|---|
| 立式洗脸盆 |  | 污水池 | |
| 台式洗脸盆 | 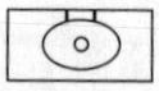 | 妇女净身盆 | 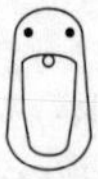 |
| 挂式洗脸盆 | 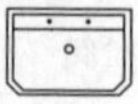 | 立式小便器 | |
| 浴盆 | 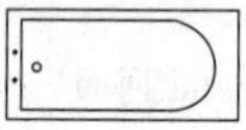 | 壁挂式小便器 | |
| 化验盆、洗涤盆 |  | 蹲式大便器 | 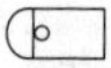 |
| 厨房洗涤盆 | 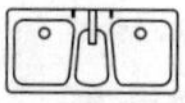 | 坐式大便器 | 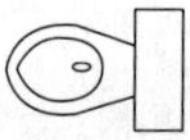 |
| 带沥水板洗涤盆 |  | 小便器 |  |
| 盥涤槽 | 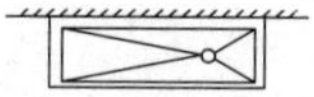 | 沐浴喷头 |  |

表 2-8　附件图例

| 名　称 | 图　例 | 名　称 | 图　例 |
|---|---|---|---|
| 管道伸缩器 | 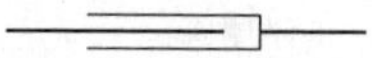 | 圆形地漏 | 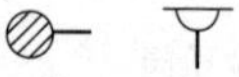 平面　系统 |
| 方形伸缩器 |  | 方形地漏 | 平面　系统 |
| 刚性防水套管 | 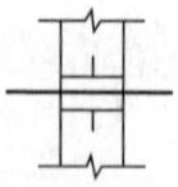 | 自动冲洗水箱 | 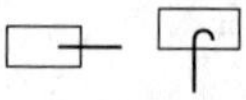 |
| 柔性防水套管 | 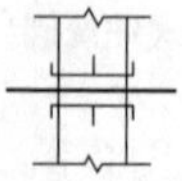 | 挡墩 | 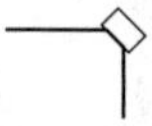 |
| 波纹管 | 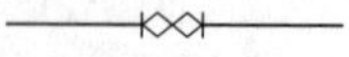 | 减压孔板 | 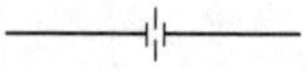 |
| 可曲挠橡胶接头 |  单球 　　爽球 | Y 形除污器 | 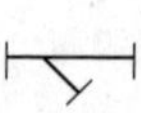 |

（续）

| 名　称 | 图　例 | 名　称 | 图　例 |
|---|---|---|---|
| 管道固定支架 |   | 毛发聚集器 |  平面　系统 |
| 立管检查口 |   | 倒流防止器 | 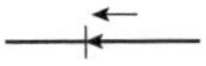  |
| 清扫口 |  平面　系统 | 吸气阀 |   |
| 通气帽 | 成品　蘑菇形 | 真空破坏器 |   |
| 雨水斗 | 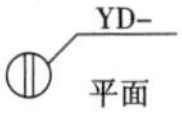 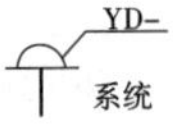 YD-平面　YD-系统 | 防虫网罩 |   |
| 排水漏斗 | 平面　系统 | 金属软管 |  |

表 2-9　小型给排水构筑物图例

| 名　称 | 图　例 | 名　称 | 图　例 |
|---|---|---|---|
| 矩形化粪池 | 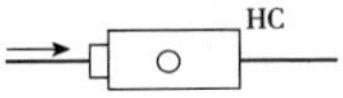 HC | 雨水口（双箅） |   |
| 隔油池 | 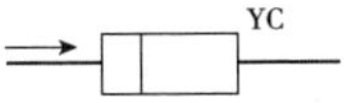 YC | 阀门井及检查井 |  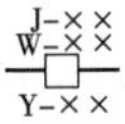 J-××　J-××　W-××　W-××　Y-××　Y-×× |
| 沉淀池 | 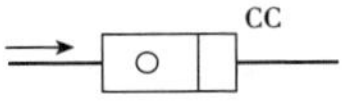 CC | 水封井 |  |
| 降温池 | 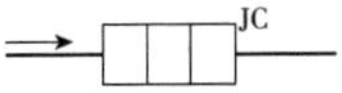 JC | 跌水井 |  |
| 中和池 | 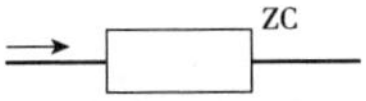 ZC | 水表井 |  |
| 雨水口（单箅） |   |  |  |

表 2-10　设备及仪表图例

| 名　称 | 图　例 | 名　称 | 图　例 |
|---|---|---|---|
| 卧式水泵 | 平面　　系统 | 立式水泵 | 平面　　系统 |
| 潜水泵 | | 定温泵 | |
| 管道泵 | | 卧式容积热交换器 | |
| 立式容积热交换器 | | 快速管式热交换器 | |
| 板式热交换器 | | 开水器 | |
| 喷射器 | | 除垢器 | |
| 水锤消除器 | | 搅拌器 | |
| 紫外线消毒器 | ZWX | 温度计 | |
| 压力表 | | 自动记录压力表 | |
| 压力控制器 | | 水表 | |
| 自动记录流量表 | | 转子流量计 | 平面　　系统 |
| 真空表 | | 温度传感器 | T |
| 压力传感器 | P | pH 传感器 | pH |
| 酸传感器 | H | 碱传感器 | Na |
| 余氟传感器 | CI | | |

### 表 2-11 消防系统配件图例

| 名 称 | 图 例 | 名 称 | 图 例 |
|---|---|---|---|
| 消火栓给水管 | —— XH —— | 自动喷水灭火给水管 | —— ZP —— |
| 雨淋灭火给水管 | —— YL —— | 水幕灭火给水管 | —— SM —— |
| 火炮灭火给水管 | —— SP —— | 室外消火栓 | |
| 室内水火栓（单口） | 平面 系统 | 室外消火栓（双口） | 平面 系统 |
| 水泵接合器 | | 自动喷洒头（开式） | 平面 系统 |
| 自动喷洒头（闭式） | 平面 系统 | 自动喷洒头（闭式） | 平面 系统 |
| 自动喷洒头（闭式） | 平面 系统 | 侧墙式自动喷洒头 | 平面 系统 |
| 水喷雾喷头 | 平面 系统 | 直立型水幕喷头 | 平面 系统 |
| 下垂型水幕喷头 | 平面 系统 | 干式报警阀 | 平面 系统 |
| 湿式报警阀 | 平面 系统 | 预作用报警阀 | 平面 系统 |
| 雨淋阀 | 平面 系统 | 信号闸阀 | |
| 信号蝶阀 | | 消防炮 | 平面 系统 |
| 水流行指示器 | | 水力警铃 | |
| 末端试水装置 | 平面 系统 | 手提式灭火器 | |
| 推车式灭火器 | | | |

## 二、给水排水施工图内容及识读方法

### 1. 图纸内容

建筑室内给排水施工图一般由图纸目录、设计和施工总说明、主要设备材料表、平面图、系统图(轴测图)、详图等组成。室外小区给排水工程,根据工程内容还应包括管道断面图、给排水节点图等。

(1)图纸目录。它是将全部施工图按其编号(设施一 X)、图名序号填入图纸目录表格,同时在表头上标明建设单位、工程项目、分部工程名称、设计日期等。其作用是核对图纸数量,便于识图时查找。

(2)设计和施工总说明。它们包括以下内容:一般用文字表明的工程概况(包括建筑类型、建筑面积、设计参数等;设计中用图形无法表达的一些设计要求(如管道材料、防腐要求、保温材料及厚度、管道及设备的试压要求、清洗要求等;施工中应参考的规范、标准和图集;主要设备材料表及应特别注意的事项等。

(3)平面图。它是水平剖切后,自上而下垂直俯视的可见图形,又称俯视图。平面图是最基本的施工图样。

建筑室内给排水施工平面图包括以下内容:给水排水、消防给水管道的平面布置,卫生设备及其他用水设备的位置、房间名称、主要轴线号和尺寸线;给水、排水、消防立管位置及编号;底层平面图中还包括引入管、排出管、水泵接合器等与建筑物的定位尺寸、穿建筑物外墙及基础的标高。

平面图没有高度的意义,其中管道和设备的安装高度必须借助于系统图、剖面图来确定。

(4)系统图。可采用斜二测画法,用来表示管道及设备的空间位置关系,通过系统图,可以对工程的全貌有个整体了解。建筑室内给排水施工系统图包括以下内容:建筑楼层标高、层数、室内外建筑平面高差;管道走向、管径、仪表及阀门、控制点标高和管道坡度;各系统编号、立管编号,各楼层卫生设备和工艺用水设备的连接点位置;排水立管上检查口、通气帽的位置及标高。

(5)详图。一般用较大比例绘制,建筑室内给排水施工详图包括以下内容:设备及管道的平面位置,设备与管道的连接方式,管道走向、管道坡度、管径,仪表及阀门、控制点标高等,常用的卫生器具及设备。施工详图可直接套用有关给水排水标准和图集。

(6)剖面图。它是在某一部位剖切后,沿剖切视向绘制的可见图形。其主要作用是表明设备和管道的立面形状、安装高度,立面设备与设备、管道与设备、管道与管道之间的连接关系。剖面图多用于室外管道工程。

（7）标准图。又称通用图,是统一施工安装技术要求、具有一定的法令性的图样,设计时不需再重复制图,只需选出标准图号即可。施工中应严格按照指定图号的图样进行施工安装,可按比例绘制,也可不按比例绘制。

**2. 识读方法**

（1）熟悉图纸目录,了解设计说明,明确设计要求设计说明有的写在平面图或系统图上,有的写在整套给水排水施工图的首页上。

（2）将给水排水的平面图和系统图对照识读

给水系统可从引入管起沿水流方向,经干管、立管、横管、支管到用水设备,将平面图和系统图一一对应识读。弄清管道的走向、分支位置,各管段的管径、标高,管道上的阀门、水表、升压设备及配水龙头的位置和类型。

排水系统可从生器具开始,沿水流方向,经支管、横管、立管、干管到排出管依次识读。弄清管道的走向,管道汇合位置,各管段的管径、坡度、坡向、检查口、清扫口、地漏的位置,通风帽形式等。

（3）结合平面图、系统图及设计说明看详图

室内给水排水详图包括节点图、大样图、标准图,主要是管道节点、水表、消火栓、水加热器、卫生器具、套管、开水炉、排水设备、管道支架的安装图及卫生间大样图等,图中须注明详细尺寸,供安装时直接使用。

（4）凡是图纸中无法表达或表达不清的而又必须为施工技术人员所了解的内容,均应用文字说明。文字说明应力求简洁。设计说明应表达如下内容:设计概况、设计内容、引用规范、施工方法等。例如:给水排水管材以及防腐、防冻、防结露的做法;节能方法;管道的连接、固定、竣工验收的要求;施工中特殊情况的技术处理措施;施工方法要求严格遵循的技术规程、规定等。

工程中选用的主要材料及设备,应列表注明。表中应列出材料的类别、规格、数量,设备的品种、规格和主要尺寸。

## 三、给水排水施工图识读举例

图 2-16、图 2-17 分别是某学生宿舍卫生间的建筑给水管道平面布置图、建筑给水管道系统图。

通过对给水管道平面图的识读可知:给水管道是明装敷设方式(暗装管道线应绘在墙身断面内)。给水管自房屋轴线①和⑧轴线的墙角入口,通过低层水平干管分三路送到用水处。第一路通过立管 1(标记为 JL-1)送入大便器和盥洗槽;第二路通过立管 2(JL-2)送入小便槽多孔冲洗管和洗涤池(拖布盆);第三路通过立管 3(JL-3)送入淋浴间的淋浴喷头。

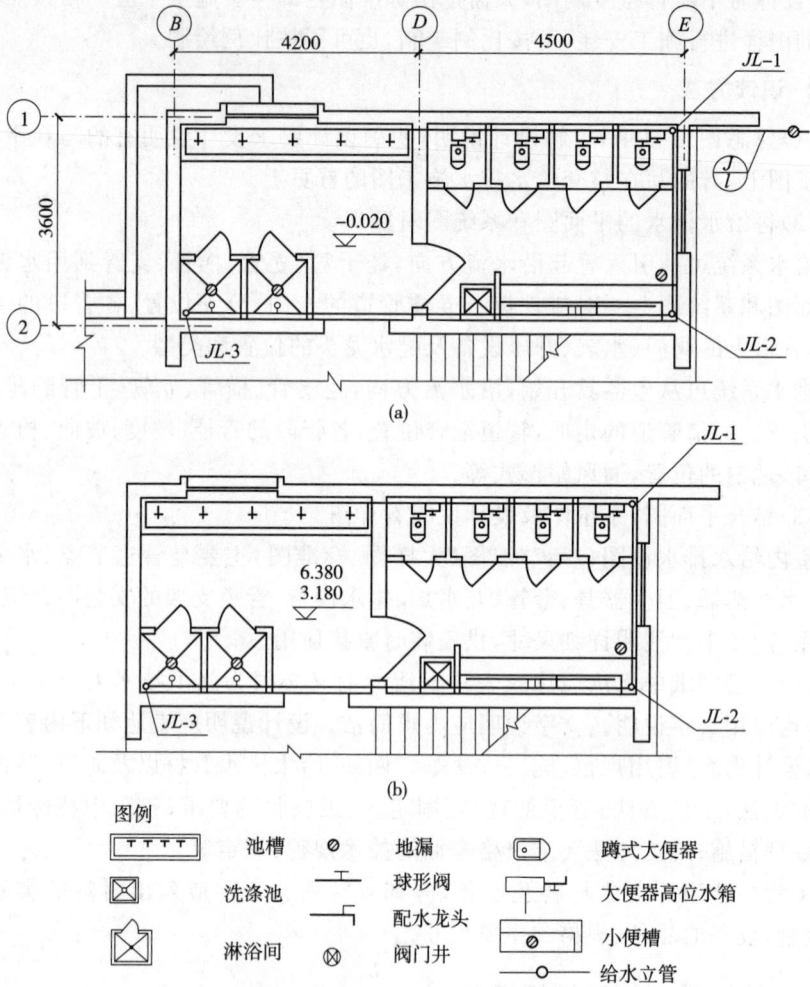

图例

| 池槽 | 地漏 | 蹲式大便器 |

图 2-16 建筑给水管道平面布置图

(a)首层给水管网平面布置图;(b)二、三层给水管网平面布置图

立管 1(标记为 JL-1)进入室内后,在 DN50 的立管上于标高-0.300 处引出 DN40 水平干管,与立管 2(JL-2)和立管 3(JL-3)连接。在立管 1 的管径依次为 DN50、DN40、DN32,每层支管管径为 DN32、DN20,支管上依次安装 4 个大便器高位水箱、5 个盥洗水龙头;立管 2 的管径为 DN25,每层支管管径为 DN20、DN15,支管上依次安装 1 个小便器冲洗水箱和 1 个拖布盆水龙头;立管 3 的管径为 DN32、DN25、DN20,支管管径为 DN20,每层安装 2 个淋浴喷头。

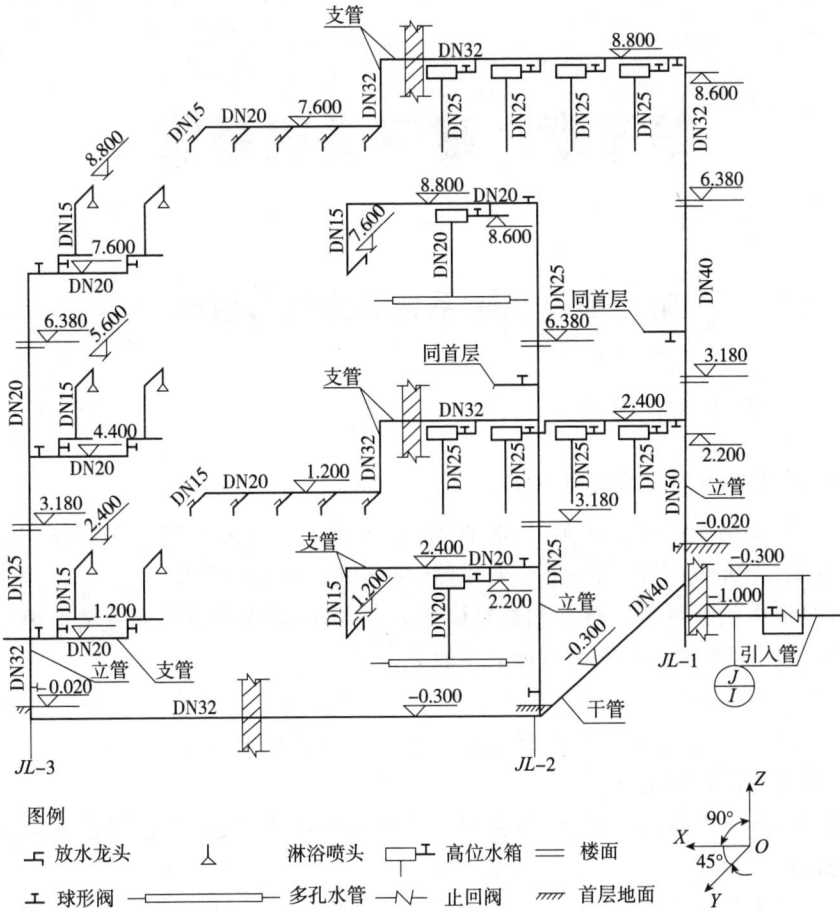

图 2-17 建筑给水管道系统图

# 第三章　建筑供暖系统

## 第一节　供暖系统的分类与组成

### 一、供暖系统的分类

#### 1. 按设备相对位置分类

（1）局部供暖系统。热源、供暖管道、散热设备三部分在构造上合在一起的供暖系统，如火炉供暖、简易散热器供暖、煤气供暖和电热供暖。

（2）集中供暖系统。热源和散热设备分别设置，以集中供热或分散锅炉房作热源向各房间或建筑物供给热量的供暖系统。

（3）区域供暖系统。区域供暖系统是指以城市某一区域性锅炉房作为热源，供一个区域的许多建筑物供暖的供暖系统。这种供暖方式的作用范围大、高效节能，是未来的发展方向。

#### 2. 按使用热媒的不同，供暖系统分为热水供暖系统、蒸汽供暖系统和热风供暖系统三类

（1）热水供暖系统

热水作为热媒的供暖系统，称为"热水供暖系统"。它是目前广泛使用的一种供暖系统，不仅用于居住和公共建筑，而且也用于工业建筑中。

热水供暖系统的热能利用率高，输送时无效热损失较小，散热设备不易腐蚀，使用周期长，且散热设备表面温度低，符合卫生要求；系统操作方便，运行安全，易于实现供水温度的集中调节，系统蓄热能力高，散热均匀，适于远距离输送。

热水供暖系统按系统循环动力可分为自然（重力）循环系统和机械循环系统。前者是靠水的密度差进行循环的系统，由于作用压力小，目前在集中式供暖中很少采用；后者是靠机械（水泵）进行循环的系统。

热水供暖系统按热媒温度的不同可分为低温系统和高温系统。低温热水供暖系统的供水温度为 95℃，回水温度为 70℃；高温热水供暖系统的供水温度多采用 120～130℃，回水温度为 70～80℃。

（2）蒸汽供暖系统

在蒸汽供暖系统中，热媒是蒸汽。蒸汽含有的热量由两部分组成，一部分是水在沸腾时含有的热量，另一部分是从沸腾的水变为饱和蒸汽的汽化潜热。在这两部分热量中，后者远大于前者。蒸汽供暖系统中所利用的是蒸汽的汽化潜热。蒸汽进入并充满散热器，热量通过散热器散发到房间内，与此同时蒸汽冷凝成同温度的凝结水。锅炉产生的蒸汽，经蒸汽管道进入散热器，放热后，凝结水经疏水器由凝结水管流入凝结水箱，然后由凝结水水泵经凝水管送入锅炉。图3-1是蒸汽供暖系统的原理图。

蒸汽供暖系统的特点是：应用范围大、热媒温度高、所需散热面积小，但对居住建筑存在使用不卫生、不安全的隐患。按热媒蒸汽压力大小可分为：低压蒸汽供暖（系统起始压力＜70kPa）、高压蒸汽供暖（系统起始压力＞70kPa）和真空蒸汽供暖（系统起始压力低于大气压力）。

按照蒸汽干管布置的不同，蒸汽供暖系统可分为上供下回式和下供下回式。按照立管布置的特点，蒸汽供暖系统可分为单管式和双管式。按照回水动力的不同，蒸汽供暖系统可分为重力回水和机械回水两种形式。

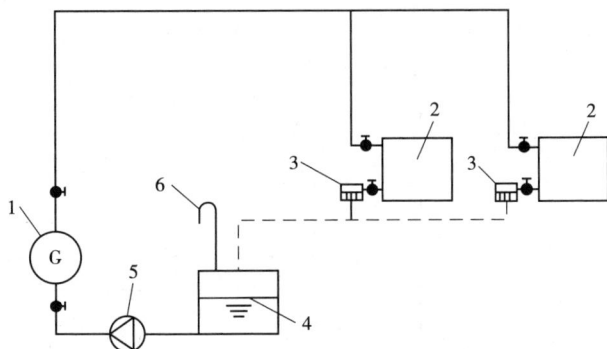

**图 3-1　蒸汽供暖系统原理图**
1-蒸汽锅炉；2-散热器；3-疏水器；4-凝结水箱；5-凝水泵；6-空气管

（3）热风供暖系统。以热空气为热媒的供暖系统，把空气加热至 $30\sim50℃$，直接送入房间。主要应用于大型工业车间。例如暖风机、热风幕等就是热风供暖的典型设备。热风供暖以空气作为热媒，它的密度小，比热容与导热系数均很小，因此加热和冷却比较迅速。但其密度小，所需管道断面积比较大。

（4）烟气供暖。以燃料燃烧产生的高温烟气为热媒，把热量带给散热设备。如火炉、火墙、火炕、火地等烟气供暖形式在我国北方广大村镇中应用比较普遍。烟气供暖虽然简便且实用，但由于大多属于在简易的燃烧设备中就地燃烧燃料，不能合理地使用燃料，燃烧不充分，热损失大，热效率低，燃料消耗多，而且温度高,卫生条件不够好,火灾的危险性大。

## 二、供暖系统的组成

所有供暖系统都是由热源、供热管道、散热设备三个主要部分组成的。

### 1. 热源

热源是使燃料燃烧产生热,将热媒加热成热水或蒸汽的部分,如锅炉房、热交换站(又称热力站)、地热供热站等,还可以采用燃气炉、热泵机组、废热、太阳能等作为热源。

### 2. 供热管道

供热管道是指热源和散热设备之间的管道,将热媒输送到各个散热设备,包括供水、回水循环管道。

### 3. 散热设备

散热设备是将热量传至所需空间的设备,如散热器、暖风机、热水辐射管等。图 3-2 所示的热水供暖系统体现了热源、输热管道和散热设备三个部分之间的关系。

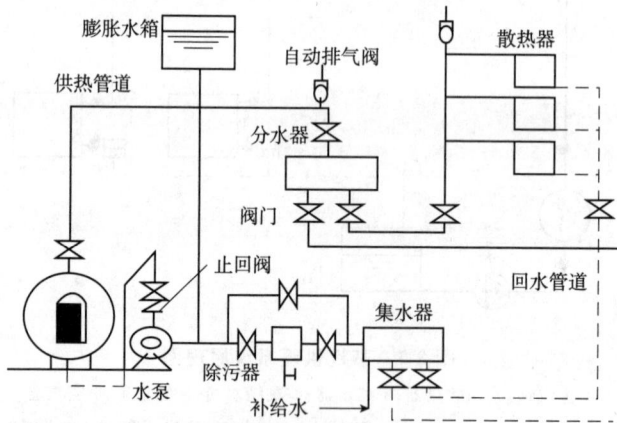

图 3-2　热水供暖系统示意图

# 第二节　热水供暖系统

供暖系统按照系统中水的循环动力不同,分为自然(重力)循环热水供暖系统和机械循环热水供暖系统。以供回水密度差作动力进行循环的系统称为自然(重力)循环热水供暖系统,以机械(水泵)动力进行循环的系统,称为机械循环热水供暖系统。

## 一、自然循环热水供暖系统

### 1. 双管上供下回式

双管上供下回式系统其特点是各层散热器都并联在供、回水立水管上,水经回水立管、干管直接流回锅炉。如不考虑水在管道中的冷却,则进入各层散热器的水温相同,如图 3-3 所示。

上供下回式自然循环热水采暖系统管道布置的一个主要特点是:系统的供水干管必须有向膨胀水箱方向上升的坡度,其坡度宜采用 0.5%~1.0%;散热器支管的坡度一般取 1.0%。回水干管应有沿水流向锅炉方向下降的坡度。

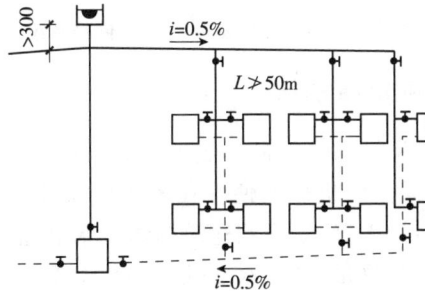

图 3-3　双管上供下回式热水供暖系统

### 2. 单管上供下回式(图 3-4)

单管系统的特点是热水送入立管后按由上向下的顺序流过各层散热器,水温逐层降低,各组散热器串联在立管上。每根立管(包括立管上各层散热器)与锅炉、供回水干管形成一个循环环路,各立管环路是并联关系。与双管系统相比,单管系统的优点是系统简单,节省管材,造价低,安装方便,上下层房间的温度差异较小;其缺点是顺流式不能进行个体调节。

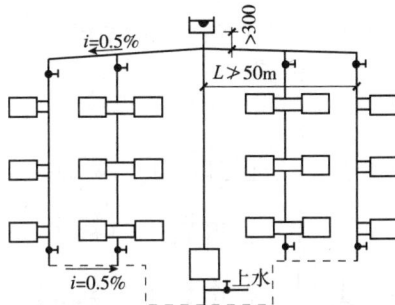

图 3-4　单管上供下回式热水供暖系统

### 3. 单户式

图 3-5 为单户式自然循环热水供暖示意图,适用单户单层建筑。一般锅炉与散热器在同一平面内,因此散热器安装至少应提高 300~400mm 高度,尽量缩小配管长度以减少阻力。

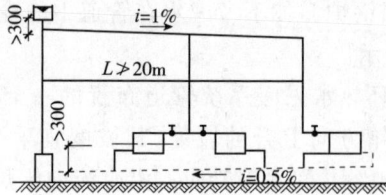

图 3-5　单户式自然循环热水供暖系统

## 二、机械循环热水供暖系统

机械循环热水供暖系统与自然循环热水供暖系统的主要区别是在系统中设置了循环水泵,靠水泵提供的机械能使水在系统中循环。系统中的循环水在锅炉中被加热,通过总立管、干管、支管到达散热器。水沿途散热有一定的温降,在散热器中放出大部分所需热量,沿回水支管、立管、干管重新回到锅炉被加热。

在机械循环系统中,水流的速度常常超过了自水中分离出来的空气气泡的浮升速度。为了使气泡不致被带入立管,在供水干管内要使气泡随着水流方向流动,应按水流方向设上升坡度。气泡聚集到系统的最高点,通过在最高点设排气装置,将空气排至系统以外。供水及回水干管的坡度根据设计规范 $i \geqslant 0.002$ 规定,一般取 $i = 0.003$,回水干管的坡向要求与自然循环系统相同,其目的是使系统内的水能全部排出。

机械循环热水供暖系统有以下几种主要形式:

### 1. 双管上供下回式

图 3-6 为双管上供下回式机械循环热水供暖系统示意,它适用于室温有调节要

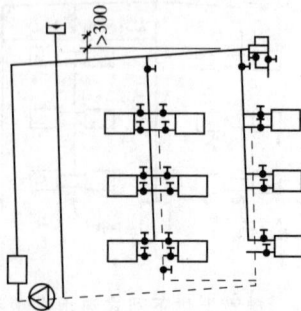

图 3-6　双管上供下回式机械循环热水供暖系统

求的四层以下建筑。最常用双管系统、排气方便、室温可调节,易产生垂直失调。

## 2. 双管下供下回式

图 3-7 为双管下供下回式,它适用于室温有调节要求且顶层不能敷设干管时的四层以下建筑,缓和了上供下回系统垂直失调现象,但安装供回水干管需设置地沟或直埋地下,排气不便。

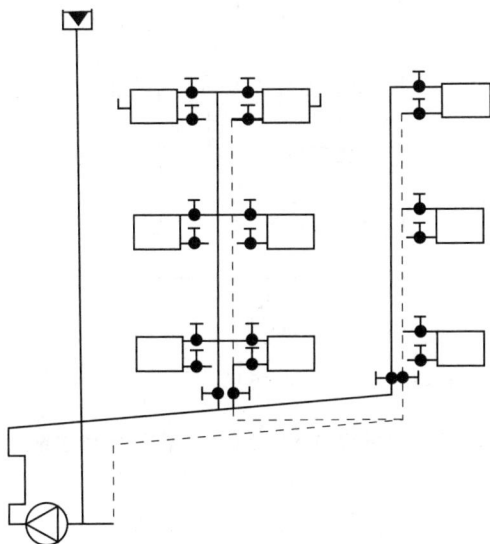

图 3-7　双管下供下回式机械循环热水供暖系统

## 3. 中供式

从系统总立管引出的水平供水干管敷设在系统的中部,下部系统为上供下回式,上部系统可采用下供下回式,也可采用上供下回式。中供式系统(图 3-8)可用于原有建筑物加建楼层或上部建筑面积小于下部建筑面积的场合。

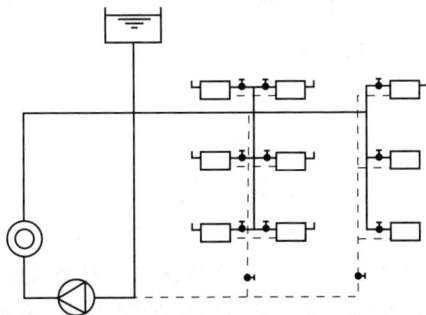

图 3-8　机械循环中供式热水供暖系统

### 4. 下供上回式(倒流式)

该系统的供水干管设在所有散热器设备的上面,回水干管设在所有散热器下面,膨胀水箱连接在回水干管上。回水经膨胀水箱流回锅炉房,再被循环水泵送入锅炉,如图 3-9 所示。倒流式系统具有如下特点:

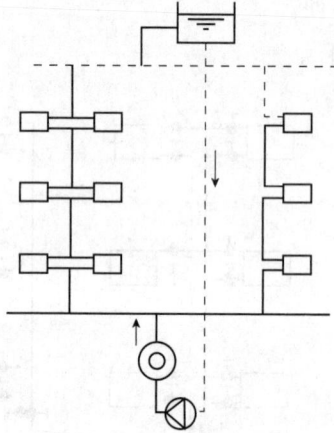

图 3-9  机械循环下供上回式(倒流式)供暖系统

(1)水在系统内的流动方向是自下而上流动,与空气流动方向一致,可通过顺流式膨胀水箱排除空气,无需设置集中排气罐等排气装置。

(2)对热损失大的底层房间,由于底层供水温度高,底层散热器的面积减小,便于布置。

(3)当采用高温水供暖系统时,由于供水干管设在底层,这样可降低防止高温水汽化所需的水箱标高,减少布置高架水箱的困难。

(4)供水干管在下部,回水干管在上部,无效热损失小。

这种系统的缺点是散热器的放热系数比上供下回式低,散热器的平均温度几乎等于散热器的出口温度,这样就增加了散热器的面积。但用于高温水供暖时,这一特点却有利于满足散热器表面温度不致过高的卫生要求。

### 5. 同程式和异程式

如图 3-10 所示。在供暖系统中,各个循环环路热水流程基本相同的供暖系统,称之为同程式系统,反之则称为异程式系统。

从流体力学可知,管道对流体产生的阻力与流体流经的管道长度成正比,管道长度越长,流体的阻力越大。因此,如果各循环环路长度相差很大,就容易造成系统近热远冷的水平失调现象,即环路短的阻力小,流量大,散热多,房间热;环路长的阻力大,流量小,散热少,房间冷。

显然,同程式系统在管材消耗上以及安装的工程量上都较异程式系统要大,但是系统的水力平衡和热稳定性都较好。一般当系统较大时,多采用同程式系统。

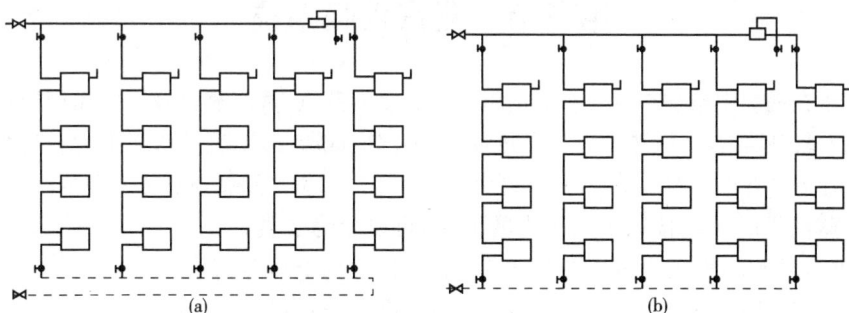

**图 3-10　机械循环同程式与异程式系统**
(a)同程式;(b)异程式

### 6. 水平式系统

水平式系统按供水与散热器的连接方式可分为顺流式(图 3-11)和跨越式(图 3-12)两类。

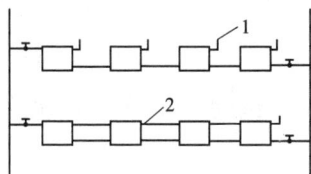

**图 3-11　平单管顺流式系统**
1-放气阀;2-空气管

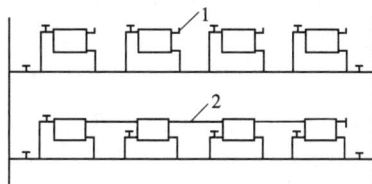

**图 3-12　水平单管跨越式系统**
1-放气阀;2-空气管

跨越式的连接方式可以有图 3-14 中的两种。第二种的连接形式虽然稍费一些支管,但增大了散热器的传热系数。由于跨越式可以在散热器上进行局部调节,可以用在需要局部调节的建筑物中。

水平式系统排气比垂直式上供下回系统要麻烦,通常采用排气管集中排气。

水平式系统的总造价要比垂直式系统少很多,对于较大的系统,由于有较多的散热器处于低水温区,尾端的散热器面积可能较垂直式系统的要多些,但它与垂直式(单管和双管)系统相比,还有以下优点:

(1)系统的总造价一般要比垂直式系统低。

(2)管路简单,便于快速施工。除了供、回水总立管外,无穿过各层楼管的立管,因此无需在楼板上打洞。

(3)有可能利用最高层的辅助空间架设膨胀水箱,不必在顶棚上专设安装膨胀水箱的房间。

(4)沿路没有立管,不影响室内美观。

# 第三节　蒸汽供暖系统

水在锅炉中被加热成具有一定压力和温度的蒸汽,蒸汽靠自身压力作用通过管道流入散热器内,在散热器内放出热量后,蒸汽变成凝结水,凝结水靠重力经疏水器后沿凝结水管道返回凝结水池内,再由凝结水泵送入锅炉重新被加热变成蒸汽。

蒸汽供暖系统按照供汽压力的大小,可以分为三类:

(1)供汽的表压力等于或低于 70kPa 时,称为低压蒸汽供暖。

(2)供汽的表压力高于 70kPa 时,称为高压蒸汽供暖。

(3)当系统中的压力低于大气压力时,称为真空蒸汽供暖。

## 一、低压蒸汽供暖系统

低压蒸汽供暖系统的凝水回流入锅炉有两种方式:①重力回水,蒸汽在散热器内放热后变成凝水,靠重力沿凝水管流回锅炉;②机械回水,凝水沿凝水管依靠重力流入凝水箱,然后用凝水泵汲送凝水压入锅炉。这种系统作用半径较大,在工程实践中得到了广泛的应用。

图 3-13 是机械回水双管上供下回式系统示意图。锅炉产生的蒸汽经蒸汽总立管、蒸汽干管、蒸汽立管进入散热器,放热后,凝结水沿凝水立管、凝水干管流入凝结水箱,然后用水泵将凝结水送入锅炉。

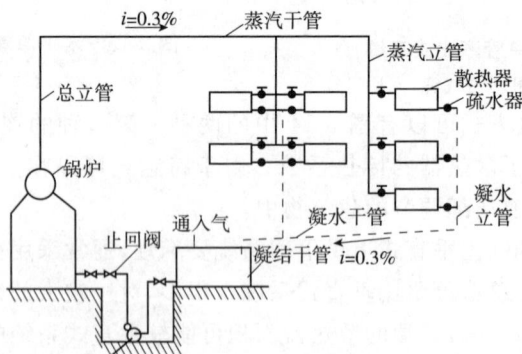

图 3-13　机械回水双管上供下回式蒸汽供暖系统

在低压蒸汽供暖系统中,为了保证散热器正常工作,除了保证供汽外,主要还应解决排出空气和疏水两个方面的问题。

蒸汽供暖系统中,散热器上应安装自动排气阀排气,其位置在距散热器底 1/3 的高度处。

　　蒸汽在管道中流动时会在沿途产生凝结水,在高速流动的蒸汽推动下,形成水塞,再遇到阀门、弯头等改变流动方向的局部构件时,水流将与局部构件发生撞击,此现象称为"水击"现象(水击会发出噪声和振动,严重时可破坏管件接口的严密性及管路支架)。故在设计中蒸汽干管应沿蒸汽流动方向设有向下的坡度。蒸汽供暖系统中,无论是何种形式的系统,都应保持系统中的空气能及时排除,凝结水能顺利地送回锅炉,防止蒸汽大量逸入凝结水管,尽量避免"水击"现象。

## 二、高压蒸汽供暖系统

　　与低压蒸汽供暖系统相比,高压蒸汽供暖系统有下述技术经济特点:

　　(1)高压蒸汽供气压力高,流速大,系统作用半径大,但沿程热损失亦大。对同样的热负荷来说较低温蒸汽所需管径小,但沿途凝水排泄不畅时会水击严重。

　　(2)散热器内蒸汽压力高,因而散热器表面温度高。对同样的热负荷所需散热面积较小;但易烫伤人,易烧焦落在散热器上面的有机灰尘而发出难闻的气味,安全条件与卫生条件较差。

　　(3)凝结水温度也高。高压蒸汽供暖多用在有高压蒸汽热源的工厂里。室内的高压蒸汽供暖系统可直接与室外蒸汽管网相连。在外网蒸汽压力较高时可在用户入口处设减压装置。

　　图 3-14 所示是一个带有用户入口的室内高压蒸汽供暖系统示意图。图 3-15所示是上供上回式高压蒸汽供暖系统图。

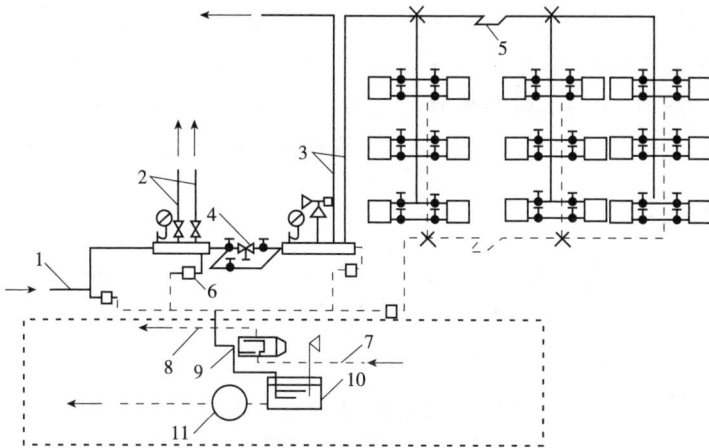

**图 3-14　高压蒸汽室内供暖系统示意图**

1-室外蒸汽管;2-室内高压蒸汽供热管;3-室内蒸汽供热管;4-减压装置;
5-补偿器;6-疏水装置;7-热水供应自来水进入管;8-热水管;
9-水-水换热器;10-凝水箱;11-凝水泵

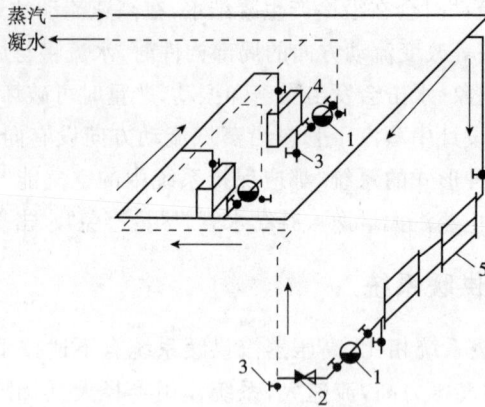

图 3-15　上供上回式高压蒸汽供暖系统图

1-疏水器;2-止回阀;3-泄水阀;4—暖风机;5-散热器

# 第四节　辐射供暖系统

根据辐射体表面温度的不同,辐射供暖可以分为低温辐射供暖、中温辐射供暖和高温辐射供暖。

(1)当辐射表面温度小于 80℃时称为低温辐射供暖。

(2)当辐射供暖温度在 80~200℃之间时称为中温辐射供暖。

(3)当辐射体表面温度高于 500℃时称为高温辐射供暖。

低温辐射供暖的结构形式是把加热管(或其他发热体)直接埋设在建筑构件内而形成散热面;中温辐射供暖通常是用钢板和小管径的钢管制成矩形块状或带状散热板;燃气红外辐射器、电红外线辐射器等,均为高温辐射散热设备。

## 一、低温辐射供暖

低温辐射供暖的散热面是与建筑构件合为一体的,根据其安装位置分为顶棚式、地板式'墙壁式、踢脚板式等;根据其构造分为埋管式、风槽式或组合式。低温辐射采暖系统的分类及特点见表 3-1。

表 3-1　低温辐射供暖系统分类及特点

| 分类根据 | 类型 | 特　点 |
|---|---|---|
| 辐射板位置 | 顶棚式 | 以顶棚作为辐射表面,辐射热占 70%左右 |
| | 墙壁式 | 以墙壁作为辐射表面,辐射热占 65%左右 |
| | 地板式 | 以地板作为辐射表面,辐射热占 55%左右 |
| | 踢脚板式 | 以床下或踢脚线处墙面作为辐射表面,辐射热占 65%左右 |

(续)

| 分类根据 | 类型 | 特 点 |
|---|---|---|
| 辐射板构造 | 埋管式 | 直径为 15～32mm 的管道埋设于建筑表面构成辐射表面 |
| | 风道式 | 利用建筑构件的空腔使其间热空气循环流动构成辐射表面 |
| | 组合式 | 利用金属板焊以金属管组成辐射板 |

### 1. 低温热水地板辐射供暖

低温热水地板辐射供暖具有舒适性强、节能,方便实施按户热计量,便于住户二次装修等特点,还可以有效地利用低温热源如太阳能,地下热水,供暖和空调系统的回水,热泵型冷热水机组、工业与城市余热和废热等。

(1)低温热水地板辐射供暖的优点

低温热水地板辐射供暖与散热器对流供暖比较,具有以下优越性:

1)从节能角度看,热效率提高 20%～30%,即可以节省 20%～30%的能耗。

2)从舒适角度看,在辐射强度和温度的双重作用下,能形成比较理想的热环境。

3)从美观角度看,室内不需安装散热器和连接散热器的支管与立管,实际上给用户增加了一定数量的使用面积。

4)能够方便地实现国家节能标准提出的"按户计量,分室调温"的要求。

(2)低温热水地板辐射供暖系统的构造

低温热水地板辐射供暖因水温低,管路基本不结垢,多采用管路一次性埋设于垫层中的做法,如 3-16 所示。地面结构一般由楼板、找平层、绝热层(上部敷

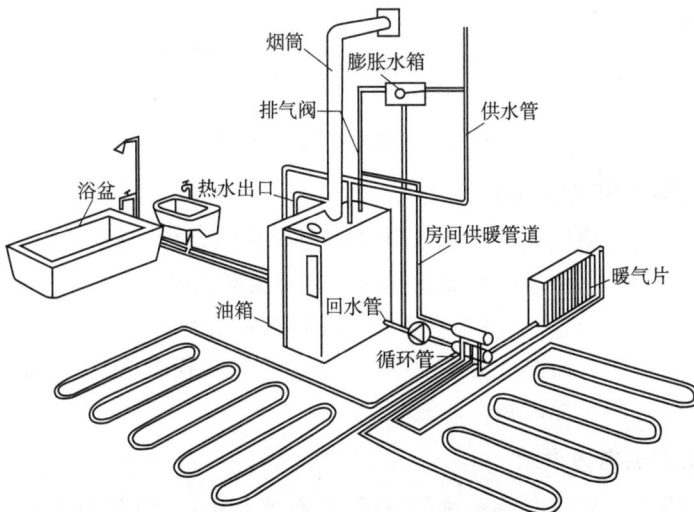

图 3-16 低温热水地板辐射供暖系统

设加热管)、填充层和地面层组成。

图 3-17 为干式(无混凝土填埋层)辐射地板构造示意图。这种结构的绝缘层一般为定制的聚苯乙烯泡沫塑料(密度不小于 $20\text{kg/m}^3$),其上有预制的凹槽,并铺设与其紧密接触的导热铝板。塑料管嵌入铝板凹槽后,地板可直接铺设在其上面。该结构的辐射地板最大优势是厚度较小,与普通铺设地板的木椽相近甚至更低,施工也较简单,但其造价较高。辐射地板各结构层及部件,均需在现场施工完成。其中找平层是在填充层或结构层上进行抹平的构造层,绝热层主要用来控制热量传递方向,填充层用来埋置、保护加热管并使地面温度均匀;地面层指完成的建筑地面。如允许地面双向散热时,可不设绝热层。住宅建筑因涉及分户热计量,不应取消绝热层。如与土壤相邻则必须设置绝热层,并且绝热层下部应设置防潮层。对于潮湿房间如卫生间等,填充层上部宜设置防水层。

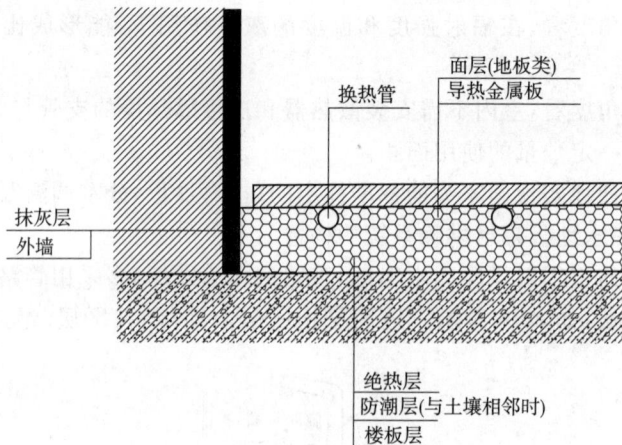

图 3-17　干式辐射地板构造

## 2. 低温辐射电热膜供暖

低温辐射电热膜供暖方式是以电热膜为发热体,大部分热量以辐射方式散入供暖区域。它是一种通电后能发热的半透明聚酯薄膜,由可导电的特制油墨、金属载流条经印刷、热压在两层绝缘聚酯薄膜之间制成的。

电热膜工作时表面温度为 40~60℃,通常布置在顶棚下(图 3-18)或地板下或墙裙、墙壁内,同时配以独立的温控装置。

## 3. 低温发热电缆供暖

发热电缆是一种通电后发热的电缆,它有实心电阻线(发热体)、绝缘层、接地导线、金属屏蔽层及保护套构成。

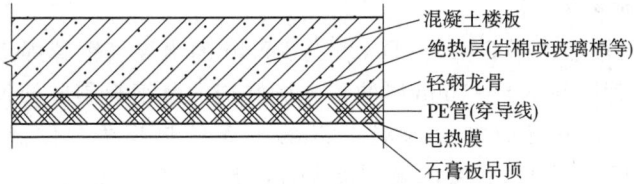

图 3-18　低温辐射电热膜供暖

低温加热电缆供暖系统是由可加热电缆和感应器、恒温器等组成,也属于低温辐射供暖,通常采用地板式,将发热电缆埋于混凝土中,有直接供热及存储供热等系统形式,如图 3-19 和图 3-20 所示。

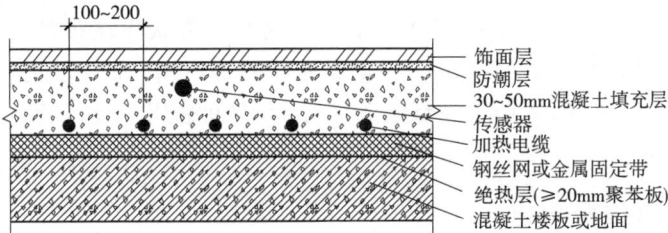

图 3-19　低温发热电缆敷设供暖安装示意图

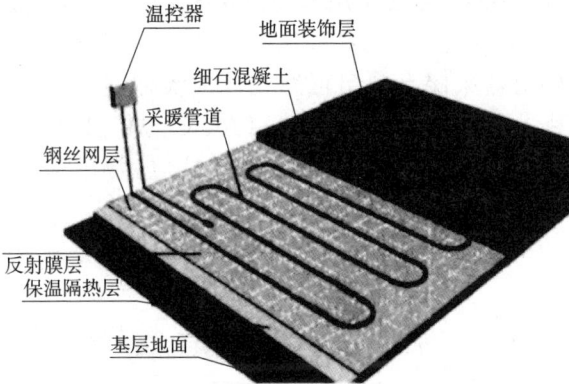

图 3-20　低温发热电缆敷设供暖分层结构示意图

## 二、中温辐射供暖

中温辐射采暖的散热设备材料通常为钢制辐射板,有块状和带状两种类型。

### 1. 块状辐射板

块状辐射板通常用 DN15～DN25 与 DN40 的水煤气钢管焊接成排管构成加热管,把排管嵌在 0.5～1mm 厚的预先压好槽的薄钢板制成的长方形辐射板上。辐射板在钢板背面加设保温层以减少无效热损失。保温层外层可用 0.5mm 厚钢板或纤维板包裹起来。块状辐射板的长度一般为 1～2m,以不超过钢板的自然长度为原则。

### 2. 带状辐射板

带状辐射板的结构是在长度方向上由几张钢板组装成形,也可将多块块状辐射板在长度方向上串联成形。带状辐射板在加工与安装方面都比块状板简单一点,由于带状板连接支管和阀门大为减少,因而比块状板经济。带状板可沿房屋长度方向布置,也可以水平悬吊在屋架下弦处。带状板在布置中应注意解决好加热管热膨胀的补偿、系统排气及凝结水排除等问题。钢制辐射相制作简单,维修方便,节约金属,适用于大型工业厂房、大空间公用建筑,如商场、车站等局部或全面供暖。

## 三、高温辐射供暖

高温辐射供暖按能源类型可分为电气红外线辐射供暖和燃气红外线辐射供暖。

电气红外线辐射供暖设备多采用石英管或石英灯辐射器。前者温度可达到 990℃,而后者辐射温度可达 22～32℃,其中大部分是辐射热。

燃气红外线辐射器采暖是利用可燃气体或液体通过特殊的燃烧装置进行无焰燃烧,如图 3-21 所示。形成 800～900℃ 的高温,向外界发射 2.7～2.47nm 的红外线,在供暖地点产生良好的热效应,常用于厂区和体育场等建筑。

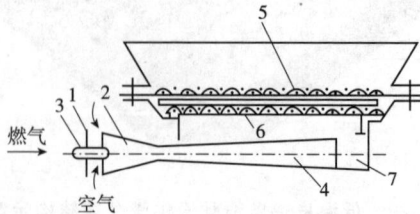

图 3-21　燃气红外线辐射器构造图

1-调节板;2-混合室;3-喷嘴;4-扩压管;
5-多孔陶瓷板;6-气流分配板;7-外壳

# 第五节　建筑供暖工程施工图识读

## 一、供暖施工图的一般规定

### 1. 线型

供暖施工图线型的基本宽度 b 宜选用 0.18mm、0.35mm、0.5mm、0.7mm、1.0mm。图中仅有两种线宽时，线宽组宜为 b 和 0.25b。暖通空调制图采用的线型及其含义见图例。图样中若采用自定义图线及含义，应明确说明，但不能与《暖通空调制图标准》(GB/T 50114—2010)的规定相冲突。此外，对于室外供热管网，按行业标准《供热工程制图标准》(CJJ/T 78—2010)执行。

### 2. 比例

总平面图、平面图的比例，宜与工程项目设计的主导专业一致。

### 3. 图例

供暖系统常用图例见表 3-2。

表 3-2　供暖系统常用图例

| 序号 | 名称 | 图　　例 | 序号 | 名称 | 图　　例 |
|---|---|---|---|---|---|
| 1 | 热水管 | ——— R ——— | 10 | 方形补偿器 | |
| 2 | 蒸汽管 | ——— Z ——— | 11 | 套管补偿器 | |
| 3 | 凝结水管 | ——— N ——— | 12 | 波形补偿器 | |
| 4 | 膨胀水管 | ——— P ——— | 13 | 弧形补偿器 | |
| 5 | 补给水管 | ——— G ——— | 14 | 球形补偿器 | |
| 6 | 泄水管 | ——— X ——— | 15 | 流向 | |
| 7 | 循环管(粗实线)、信号管(细实线) | ———XH——— | 16 | 丝堵 | |
| 8 | 溢流管 | ——— Y ——— | 17 | 活动支座 | |
| 9 | 保温管 | | 18 | 固定支座 | |

（续）

| 序号 | 名称 | 图　例 | 序号 | 名称 | 图　例 |
|---|---|---|---|---|---|
| 19 | 手动调节阀 | | 30 | 集气罐 | |
| 20 | 减压阀(左高右低) | | 31 | 安全阀 | |
| 21 | 膨胀阀(隔膜阀) | | 32 | 节流孔板、减压孔板 | |
| 22 | 平衡阀 | | 33 | 散热器 | |
| 23 | 快放阀(快速排污阀) | | 34 | 可曲挠橡胶软件接头 | |
| 24 | 三通阀 | 或 | 35 | Y形过滤器 | |
| 25 | 四通阀 | | 36 | 除污器 | |
| 26 | 疏水阀 | | 37 | 节流阀 | |
| 27 | 散热器防风门 | | 38 | 电动水泵(左进右出) | |
| 28 | 手动排气阀 | | | | |
| 29 | 自动排气阀 | | | | |

## 二、供暖工程施工图的组成

供暖施工图一般由设计说明、平面图、系统图(轴侧图)、详图、设备及主要材料明细表组成。供暖施工图设计应严格按照国家建设标准《供暖通风与空气调节设计规范》GB 50019 和《暖通空调制图标准》GB/T 50114 执行。

### 1. 设计说明

设计说明包括的主要内容有:供暖系统所承担的供暖面积、热源的种类、热媒的参数、散热器形式以及安装方式、管材选用、管道敷设方式、管道防腐、保温以及竣工要求等。另外,还应说明设计上对施工安装的特殊要求和其他不能够用图纸表达清楚的问题。在施工图中有无法表达的问题,一般也由设计说明来完成。

## 2. 平面图

供暖施工平面图一般分层表示,它反映了建筑物各层管道及设备的布置情况。一般情况下,可只画出建筑物首层、标准层及顶层的平面图即可。

(1)首层平面图

首层平面图应反映供暖引入口的位置、管径、坡度及所选用标准图号。下分式系统应标明供回水干管的位置、管径、坡度;上分式系统应标明回水干管的位置、管径、坡度。标明散热设备的设置位置、规格、数量以及安装形式,立管位置及其编号。在首层平面图中还要标明地沟位置、地沟主要尺寸以及地沟上活动盖板的设置位置。

(2)标准层平面

指建筑物中间层平面,标明散热设备的安装位置、规格、片数以及安装方式,各立管的设置位置及其编号。

(3)顶层平面图

表达与标准层相同的内容外,对于上供式系统要标注总立管、水平干管的位置、管径的大小、坡度,干管上的阀门、管道的固定支架、伸缩器的位置,热水系统膨胀水箱、集气罐等设备的平面位置、规格及型号,选用标准图号等。

## 3. 系统图

供暖系统图是表示供暖系统空间布置情况和散热器连接形式的立体透视图,反映系统的空间形式。系统图用单线绘制,与平面图比例相同。

系统图标注各管段管径的大小、水平管的标高、坡度,散热器及支管的连接情况,对照平面图可反映供暖系统的全貌。

## 4. 详图

供暖平面图和系统图难以表达清楚,而又无法用文字加以说明的问题,可用详图表示。详图包括有关标准图和绘制的节点详图。

标准图是室内供暖施工图的重要组成部分,供热管、回水管与散热器之间的具体连接形式、详细尺寸和安装要求,一般都要用标准图反映出来。标准图亦反映供暖系统设备和附件的制作及安装,表达其详细构造、尺寸及和系统的接管详细情况等。

## 三、供暖工程施工图识读举例

如图 3-22 所示,为一栋二层办公楼平面图。供暖施工图的识读方法基本上与给排水施工图一致。

如图 3-23 所示,为系统轴测图。识读时,轴测图与平面图对照阅读。由图可见，散热器均在窗下明装，各散热器的片数标注在其上方或下方。供水管主要沿二层敷设，回水管设于首层，在供、回水管旁标注有所要求的坡度及标高，每两个散热器为一组与立管相连。

供水干管自底层引入后，接至供水立管，立管上至二层顶棚上分为两条支管。两条支管又分别向下与各支立管连接，先后通过二层和底层的散热器，再接至回水干管。

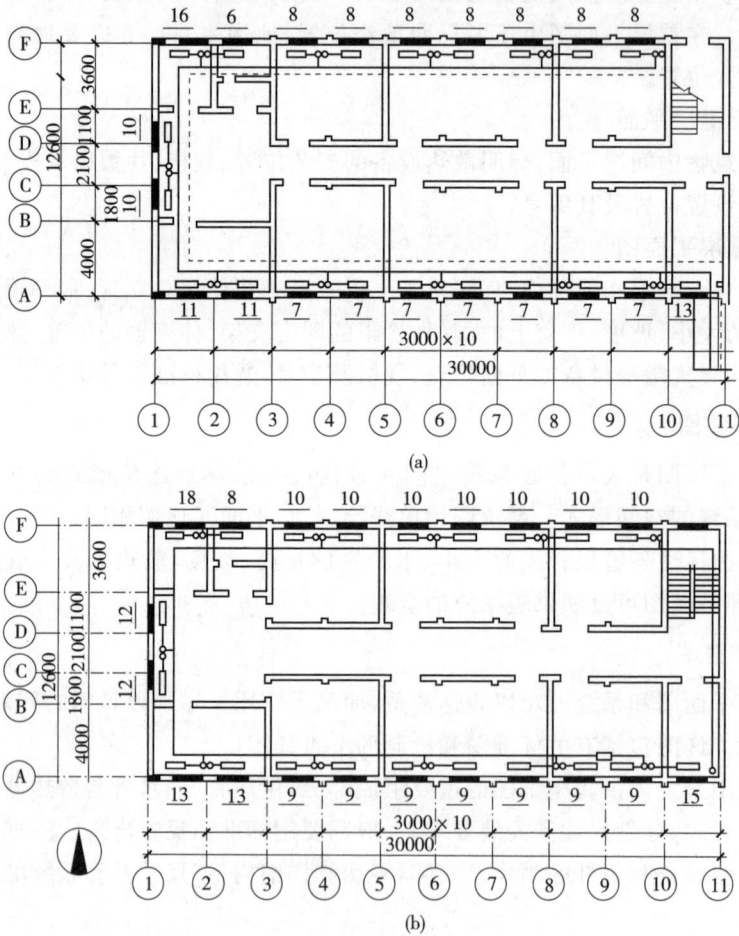

(a)

(b)

图 3-22　某办公楼供暖系统平面图

(a)首层平面图;(b)二层平面图

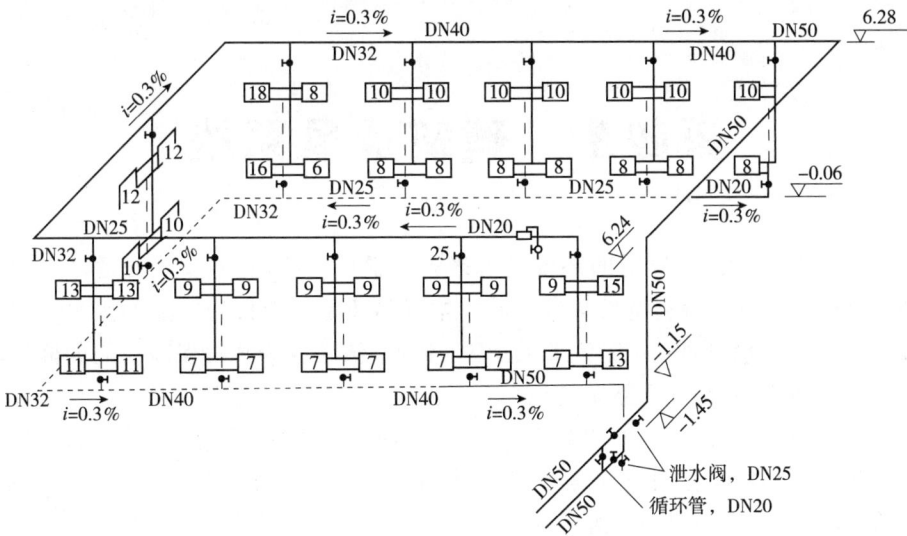

图 3-23　某办公楼供暖系统轴测图

# 第四章　建筑通风系统

　　一个卫生、安全、舒适的环境是由诸多因素决定的,它涉及热舒适、空气品质、光线、噪声和环境视觉效果等。其中空气品质是一个极为重要的因素,创造良好的空气环境条件(如温度、湿度、空气流速、洁净度等),对保障人们的健康、提高劳动生产率、保证产品质量是必不可少的。

　　所谓通风,就是把室外的新鲜空气经适当的处理(如净化、加热等)或者将符合卫生要求的经净化的空气送进室内,把室内的废气(经消毒、除害后)排至室外,从而保持室内空气的新鲜和洁净。

　　通风经过就是用自然或机械的方法向某一房间或空间送入室外空气,或由某一房间或空间排出室内空气的过程。送入的空气可以是经过处理的,也可以是未经处理的。换句话说,通风是利用室外空气(称为新鲜空气或新风)来置换建筑物内的空气(简称室内空气),以改善室内空气品质。通风的功能主要有:提供人呼吸所需要的氧气;稀释室内污染物或气味;排除室内工艺过程产生的污染物;除去室内多余的热量(余热)或湿量(余湿);提供室内燃烧设备燃烧所需的空气。

　　建筑中的通风系统可能只完成其中的一项或几项任务,利用通风去除室内余热和余湿的功能是有限的,它受室外空气状态的限制。

## 第一节　通风系统的分类

　　通风系统按照空气流动的作用动力可分为自然通风和机械通风两种。

### 一、自然通风

　　建筑物的自然通风是指由室外风力提供的风压或者由室内外温度差和建筑物高度产生的热压差来实现通风换气的一种通风方法。

　　自然通风消耗的仅仅是自然能或室内人为因素造成的附加能(这种附加能一般指室内工艺设备运行时散发的热量使室内空气温度上升的能量),因此,绿色环保、经济节能、造价低廉的自然通风方式被许多建筑采纳使用,并且取得了较好的建筑通风效果。住宅建筑、产生轻度空气污染物的民用或工业建筑、产生较大热量的工业建筑大都采用自然通风方式来达到通风换气、改善室内空气质量的目的。

在热压或风压的作用下,一部分窗孔室外的压力高于室内的压力,这时,室外空气就会通过这些窗孔进入室内;另一部分窗孔室外压力低于室内压力,室内部分空气就会通过这些窗孔而流出室外,由此可知窗孔内外的压力差是造成空气流动的主要因素。自然通风可应用于厂房或民用建筑的全面通风换气,也可应用于热设备或高温有害气体的局部排气。

**1. 风压作用下的自然通风**

具有一定速度的风由建筑物迎风面的门窗进入房间内,同时把房间内原有的空气从背风面的门窗压出去,形成一种由于室外风力引起的自然通风,以改善房间的空气环境。

当风吹过建筑物时,在建筑物的迎风面一侧压力升高了,相对于原来大气压力产生了正压;在背风侧产生涡流及在两侧的空气流速增加,压力下降了,相对原来的大气压力产生了负压。

建筑物在风压作用下,由具有正值风压的一侧进风,而在负值风压的一侧排风,这就是在风压作用下的自然通风。其通风强度与正压侧和负压侧的开口面积及风力大小有关。如图 4-1 所示,建筑物在迎风的正压侧有窗,当室外空气进入建筑物后,建筑物内的压力水平就会升高,而在背风侧室内压力大于室外,空气由室内流向室外,这就是我们通常所说的"穿堂风"。

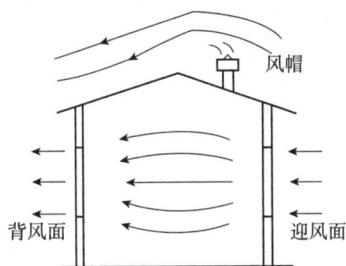

图 4-1 风压作用下的自然通风

风压作用下的自然通风与风向有着密切的关系。由于风向的转变,原来的正压区可能变为负压区,而原来的负压区可能变为正压区。风向是不受人的意志所能控制的,并且大部分城市的平均风速较低。因此,由风压引起的自然通风的不确定因素过多,无法真正应用风压的作用原理来设计有组织的自然通风。

**2. 热压作用下的自然通风**

在房间内有热源的情况下,室内空气温度高、密度小,产生一种向上的升力。室内热空气上升后从上部窗孔排出,同时室外冷空气就会从下部门窗进入室内,形成一种由室内外温差引起的自然通风。这种由室内外温差引起的压力差为动力的自然通风,称为热压差作用下的自然通风。

热压作用产生的通风效应又称为"烟囱效应"。"烟囱效应"的强度与建筑高度和室内外温差有关。一般情况下,建筑物愈高,室内外温差愈大,"烟囱效应"

愈强烈。

热压是由于室内外空气温度不同而形成的重力压差。如图 4-2 所示,当室内空气温度高于室外空气温度时,室内热空气因其密度小而上升,造成建筑物内上部空气压力比建筑物外大,空气由下向上形成对流。

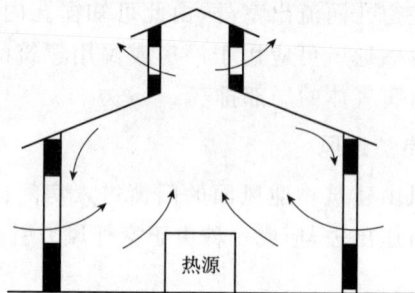

图 4-2　热压作用下的自然通风

### 3. 管道式自然通风

图 4-3 所示是一种有组织的管道的自然通风,室外空气从室外进风口进入室内,先经加热处理后由送风管道送至房间,热空气散热冷却后从各房间下部的排风口经排风道由屋顶排风口排出室外。这种通风方式常用作集中供暖的民用和公共建筑物中的热风供暖或自然排风措施。

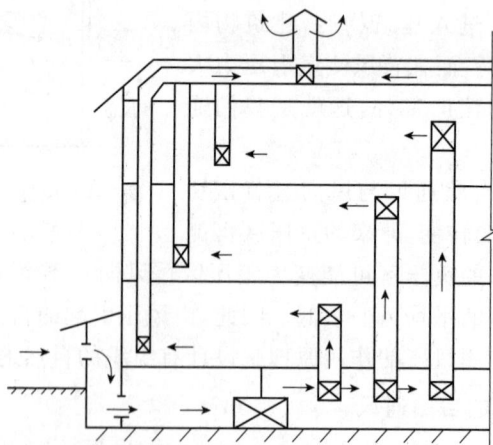

图 4-3　管道式自然通风

总之,自然通风不消耗机械动力,是一种经济的通风方式,对于产生大量余热的车间利用自然通风可达到巨大的通风换气量。由于自然通风易受室外气象条件的影响,因此,自然通风难以有效控制,通风效果也不够稳定。主要用于热车间排除余热的全面通风。

## 二、机械通风

机械通风系统一般由风机、风道、阀门、送排风口组成。根据需要,机械通风系统还可有空气处理装置、大气污染物治理装置。机械通风系统根据作用范围的大小、通风功能的区别可划分为全面通风和局部通风两大类。

### 1. 全面通风

全面通风也称为稀释通风,是对整个车间或房间进行通风换气。它一方面用新鲜空气稀释整个车间或房间内空气的有害物浓度,同时,不断地将污浊空气排至室外,保证室内空气中有害物浓度低于卫生标准所规定的最高允许浓度。

全面通风所需风量比较大,相应的通风设备也比较庞大。全面通风系统适用于有害物分布面积广以及不适合采用局部通风的场合。在公共建筑以及民用建筑中广泛采用全面通风。

据室内通风换气的不同要求,或者室内空气污染物的不同情况(污染物性质、在空气中的浓度等),可选择不同的送风、排风形式进行全面通风。常见的室内全面通风系统有以下几种送风、排风形式组合。

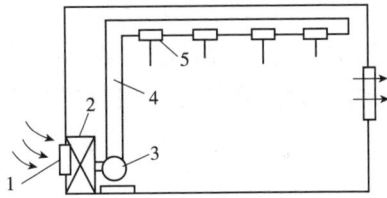

图4-4 全面机械送风、自然排风示意图

1-进风口;2-空气处理设备;
3-风机;4-风道;5-送风口

(1)机械送风、自然排风

图4-4所示为机械送风、自然排风系统。室外新鲜空气经过热湿处理达到要求的空气状态后,由风机通过风管、送风口送入室内。由于室外空气源源不断地送入室内,室内呈正压状态。在正压作用下,室内空气通过门、窗或其他缝隙排出室外,从而达到全面通风的目的。这种全面通风方式在以产生辐射热为主要危害的建筑物内采用比较合适。若建筑物内有大气污染物存在,其浓度较高,且自然排风时会渗入到相邻房间时,采取这种通风方式就欠妥。

(2)自然进风、机械排风

图4-5所示为自然进风、机械排风系统。室内污浊空气通过吸风口、风管由风机排至室外。由于室内空气连续排出,室内造成负压状态,室外新鲜空气通过建筑物的门、窗和缝隙补充到室内,从而达

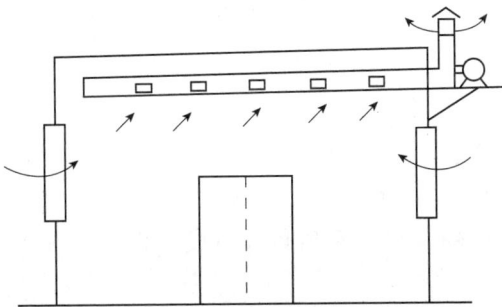

图4-5 全面机械排风、自然送风示意图

到全面通风的目的。这种全面通风方式在室内存在热湿及大气污染物危害物质时较为适用,但相邻房间同样存在热湿及大气污染物危害物质时就欠妥。因为在负压状态下,相邻房间内的危害物质会经过渗入通道进入室内,使室内全面通风达不到预期的效果。

(3)机械送风、机械排风

图 4-6 所示为机械送风、机械排风系统。室外新鲜空气经过热湿处理达到要求的空气状态后,由风机通过风管、送风口送入室内。室内污浊空气通过吸风口、风管由风机排至室外。这种机械送风、排风系统可以根据室内工艺及大气污染物散发情况灵活、合理地进行气流组织,达到全室全面通风的预期效果。当然,这种系统的投资及运行费用比前两种通风方式要大。

## 2. 局部通风

利用局部的送、排风控制室内局部地区的污染物的传播或控制局部地区的污染物浓度达到卫生标准要求的通风叫做局部通风。局部通风又分为局部排风和局部送风。它是防止工业有害污染物污染室内空气最有效的方法,在有害气体产生的地点直接将它们收集起来,经过净化处理,排至室外。与全面通风相比,局部通风系统需要的风量小、效果好,设计时应优先考虑。局部通风一般应用于工矿企业。如图 4-7 所示为典型的局部通风方式。

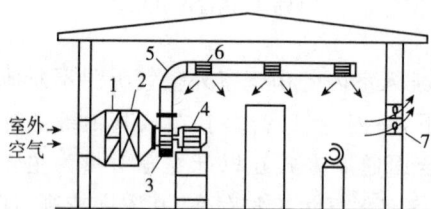

图 4-6 机械送风、机械排风系统

1-空气过滤器;2-空气加热器;3-风机;
4-电动机;5-风管;6-送风口;7-轴流风机

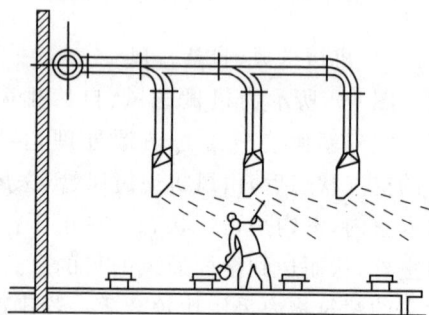

图 4-7 局部通风系统示意图

(1)局部排风系统

局部排风就是在局部地点把不符合卫生标准的污浊空气经过处理,达到排放标准后排至室外,以改善局部空间的空气标准。

局部排风系统由局部排风罩、风管、净化设备和风机等组成,图 4-8 为局部机械排风系统示意图。

局部排风罩是用于捕收有害物的装置,局部排风就是依靠排风罩来实现这

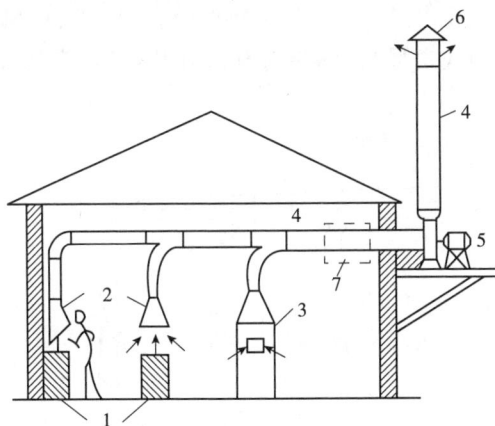

**图 4-8 局部机械排风系统示意图**

1-工艺设备;2-局部排风罩;3-排风柜;4-风道;5-风机;6-排风帽;7-排风处理装置

一过程的。排风罩的形式多种多样,它的性能对局部排风系统的技术经济效果有着直接影响。在确定排风罩的形式、形状之前,必须了解和掌握车间内有害物的特性及其散发规律,熟悉工艺设备的结构和操作情况。在不妨碍生产操作的前提下,使排风罩尽量靠近有害物源,并朝向有害物散发的方向,使气流从工作人员一侧流向有害物,防止有害物对工人的影响。

所选用的排风罩应能够以最小的风量有效而迅速地排除工作地点产生的有害物。一般情况下应首先考虑采用密闭式排风罩,其次考虑采用半密闭式排风罩等其他形式。

局部排风系统的分布应遵循如下原则:

①污染物性质相同或相似,工作时间相同且污染物散发点相距不远时,可合为一个系统。

②不同污染物相混可产生燃烧、爆炸或生成新的有毒污染物时,不应合为一个系统,应各自成为独立系统。

③排除有燃烧、爆炸或腐蚀的污染物时,应当各自单独设立系统,并且系统应有防止燃烧、爆炸或腐蚀的措施。

④排除高温、高湿气体时,应单独设置系统,并有防止结露和有排除凝结水的措施。

(2)局部送风系统

局部送风就是将干净的空气直接送至室内人员所在的地方,以改善室内工作人员周围的局部环境,使其达到要求的标准,而并非使整个空间环境达到该标准。这种方法比较适用于大面积的空间、人员分布不密集的场合。图 4-9 所示为局部送风系统示意图。

　　局部送风系统一般由进风口、空气处理设备、风机、送风管和送风口组成。送风口常见的有旋转式送风口,它带有导流叶片,可任意调节气流方向,还可适当调节送风量。

　　局部送风有空气幕、空气淋浴等。

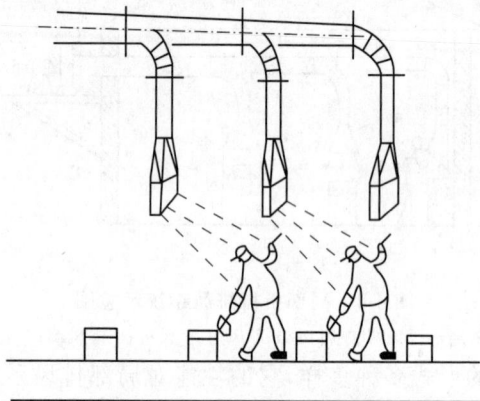

图 4-9　局部送风系统

## 三、置换通风

　　置换通风是 20 世纪 70 年代初期从北欧发展起来的一种通风方式,作为一种高效、节能的通风方法,置换通风从 20 世纪 80 年代起,首先被引入办公楼等舒适性空调系统,主要用以解决废气、二氧化碳、热量等引起的污染。

　　置换通风是基于空气的密度差而形成热气流上升、冷气流下降的原理实现通风换气的。置换通风的送风分布器通常都是靠近地板,送风口面积较大,因此,其出风速度较低(一般低于 0.5m/s)。在这样低的流速下,送风气流与室内空气的掺混量很小,能够保持分层的流态。置换通风用于夏季降温时,送风温度通常低于室内空气温度 2~4℃。

　　低速、低温送风与室内分区流态是置换通风的重要特点,因此,置换通风对送风的空气分布器要求较高,它要求分布器能将低温的新风以较小的风速均匀地送出,并能散布开来。

　　由于置换通风的特殊送风条件和流态,室内污染物主要集中在房间的上部,沿垂直高度的增加,其浓度逐渐增加,温度也逐渐升高,形成垂直向的温度梯度和浓度梯度。实践证明:置换通风既能保持下部工作所要求环境条件,又能有效地减少空调负荷,从而节省初始投资和运行费用。

## 第二节　通风系统的主要设备

自然通风系统一般不需要设置设备,机械通风的主要设备有风机、风管或风道、风阀、风口和除尘设备等。

### 一、风机

风机为通风系统中的空气流动提供动力,它可分为离心式风机和轴流式风机两种类型。根据输送气体的组成和特性,制造风机的材料可以是全钢、塑料和玻璃钢,前者适合输送类似空气一类性质的气体,后者适合输送具有腐蚀性质的各类废气。当输送具有爆炸危险的气体时,还可以用异种金属分别制成机壳和叶轮,以确保当叶轮和机壳摩擦时无任何火花产生,这类风机称为防爆风机。

#### 1. 离心式风机

离心式风机主要由叶轮、机轴、机壳、集流器(吸气口)、排气口等组成,其叶轮的转动由电动机通过机轴带动。离心式风机的进风口与出风口方向成90°角,进风口可以是单侧吸入,也可以是双侧吸入,但出风口只有一个。离心式风机工作时,叶轮做旋转运动,叶片间的空气随叶轮旋转获得离心力,从叶轮中心高速抛出,压入蜗形机壳中,并随机壳断面的逐渐增大,气流动压减小、静压增大,最后以较高的压力从风机排气口流出。因叶片间的空气被高速抛出,叶轮中心形成负压,从而再把风机外的空气吸入叶轮,由此形成连续的空气流动。离心式风机的叶轮叶片可以做成向心的直片式,也可做成与旋转方向一致的前曲式或相反方向的后曲式。叶片角度不同的叶轮旋转时叶片间获得的离心力大小不一致,空气流出风机时的压力也就不一致。因此,可以将风机分成低压、中压和高压三种。一般将风压小于1kPa的风机称为低压风机,风压在1～3kPa的风机称为中压风机,风压大于3kPa的风机称为高压风机。低压风机消耗能量低,高压风机消耗能量大。图4-10为离心式风机构造示意图。

#### 2. 轴流式风机

如图4-11所示,轴流式通风机主要由叶轮、外壳、电动机和支座等部分组成。

轴流风机的叶片与螺旋相似,其工作原理是:电动机带动叶片旋转时,

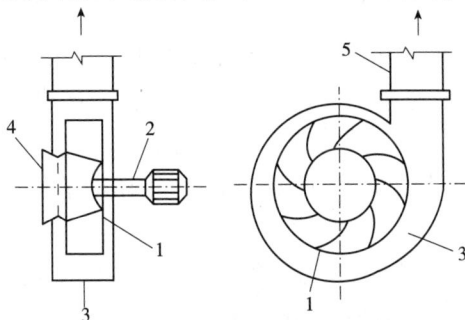

图4-10　离心式风机
1-叶轮;2-机轴,3-机壳;4-吸气口,5-排气口

空气产生一种推力,促使空气沿轴向流入圆筒形外壳,并与机轴平行方向排出。

轴流风机与离心风机在性能上最大、最主要的区别是轴流风机产生的全压较小,离心风机产生的全压较大。因此,轴流风机一般只用于无需设置管道的场合以及管道阻力较小的系统或用于炎热的车间作为风扇散热设备;而离心风机则往往用在阻力较大的系统中。

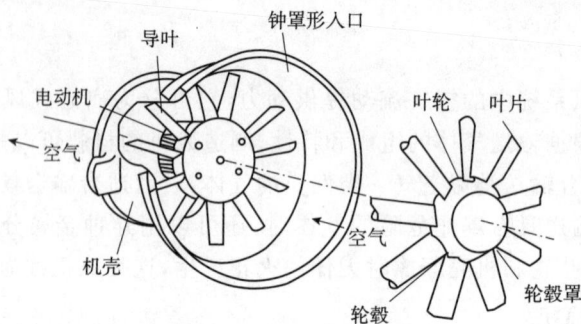

**图 4-11 轴流式风机**

### 3. 斜流式风机

斜流式风机与混流式风机较相似,但比混流式风机更接近轴流式风机。其叶轮为轴流式风机的变形,气流沿叶片中心为散射形,并向气流方向倾斜。同机号相比,斜流式风机流量大于离心式风机,全压高于轴流式风机;斜流式风机体积小于离心式风机,具有高速运行宽广、噪声低、占地少、安装方便等优点。斜流式风机不影响管道布置和管道走向,最适宜于为直管道加压和送排风。对于空间狭小的机身,尤其显示出斜流式风机的结构紧凑的优越性。

## 二、除尘设备

防止大气污染,排风系统在将空气排入大气前,应根据实际情况进行净化处理,使粉尘与空气分离,进行这种处理过程的设备称为除尘设备。

根据主要除尘原理的不同,目前常用的除尘器可分以下几类:重力除尘,如重力沉降室;惯性除尘,如惯性除尘装置;离心力除尘,如旋风除尘装置;过滤除尘,如袋式除尘装置、颗粒层除尘装置、纤维过滤装置、纸过滤装置;洗涤除尘,如自激式除尘装置、卧式旋风水膜除尘装置;静电除尘,如电除尘装置。

### 1. 重力除尘装置

重力沉降室是利用重力作用使粉尘自然沉降的一种最简单的除尘装置,是一个比输送气体的管道增大了若干倍的除尘室。重力沉降室主要分为水平气流重力沉降室和垂直气流重力沉降室,如图 4-12 和图 4-13 所示。含尘气流由沉降室的一端上方进入,由于断面积的突然扩大,使流动速度降低,在气流缓慢地向另一端流动的过程中,气流中的尘粒在重力的作用下,逐渐向下沉降,从而达到除尘的目的。净化后的空气由重力沉降室的另一端排出。

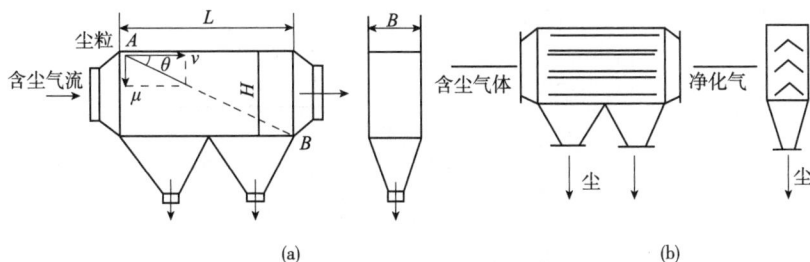

图 4-12　水平气流重力沉降室

(a)单层水平重力沉降室;(b)多层水平重力沉降室

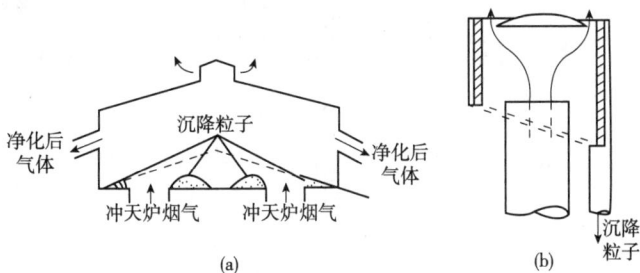

图 4-13　垂直气流重力沉降室

(a)屋顶式沉降室;(b)扩大烟管式沉降室

重力沉降室主要用于净化密度大、颗粒粒径大的粉尘,特别是磨损性很强的粉尘,能有效地捕集 50pm 以上的尘粒。重力沉降室的主要缺点是占地面积大、除尘效率低。优点是结构简单、投资少、维护管理方便以及压力损失小(一般为 50~150Pa)等。

### 2. 惯性除尘装置

惯性除尘装置的工作原理是利用尘粒在运动气流中具有的惯性力,通过突然改变含尘气流的流动方向,或使其与某种障碍物碰撞,使尘粒的运动轨迹偏离气体流线而达到分离的目的。

这类除尘装置适用于净化 $d \geqslant 20 \mu m$ 的非纤维性粉尘。由于净化效率低,常用作多级除尘中的初级除尘。惯性除尘装置的主要类型有冲击式和回(反)转式除尘装置,见图 4-14 和图 4-15。

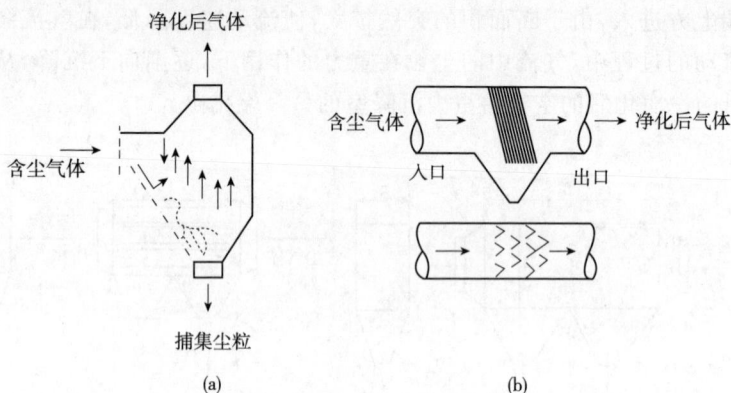

**图 4-14 冲击式惯性除尘装置**

(a)单级型;(b)多级型

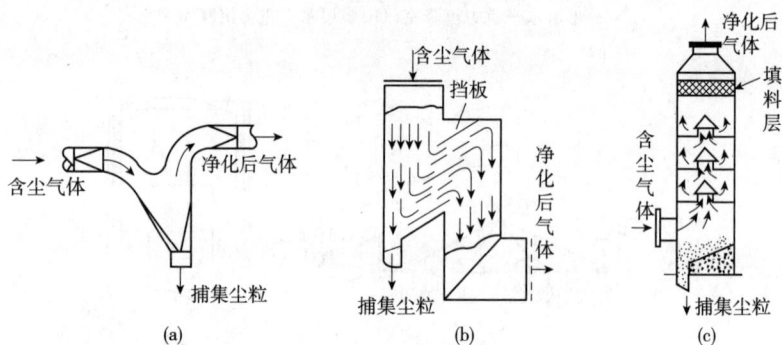

**图 4-15 反转式惯性除尘装置**

(a)弯管型;(b)百叶窗型;(c)多层隔板型

### 3. 离心除尘装置

离心除尘装置是使含尘气体做旋转运动,借作用于尘粒上的离心力把尘粒从气体中分离出来的装置。这类除尘装置的除尘效率比重力除尘装置高得多。

图 4-16 是一个普通的旋风除尘装置示意图,它由筒体、锥体、排出管等组成,含尘气流通过进口起旋器产生旋转气流,粉尘在离心力作用下脱离气流向筒锥体边壁运动,到达筒壁附近的粉尘在重力的作用下进入收尘灰斗,去除了粉尘的气体汇向轴心区域由排气芯管排出。

旋风除尘器结构简单、体积小、维护方便,对于 10~20pm 的粉尘,去除效率为 90% 左右,是工业通风中常用的除尘设备之一,多应用于小型锅炉和多级除尘的第一级除尘中。

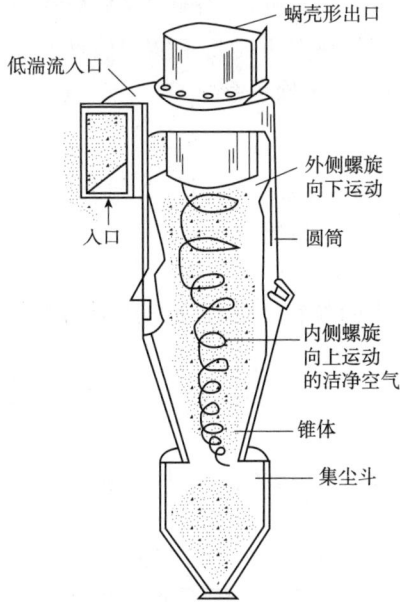

图 4-16　旋风除尘器

## 4. 湿式除尘装置

湿式除尘器主要利用含尘气流与液滴或液膜的相互作用实现气尘分离。其中粗大尘粒与液滴（或雾滴）的惯性碰撞、接触阻留（即拦截效应）得以捕集,而细微尘粒则在扩散、凝聚等机理的共同作用下,使尘粒从气流中分离出来达到净化含尘气流的目的,图 4-17 所示为水浴除尘器示意图。

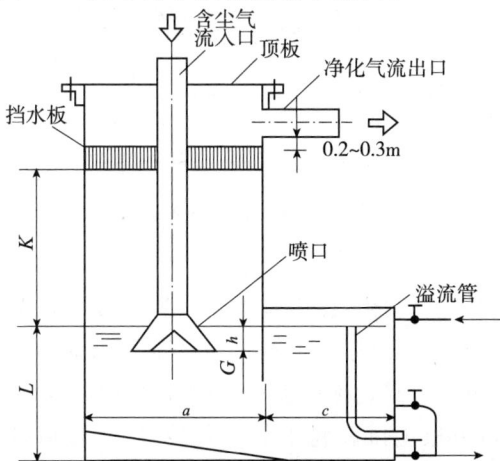

图 4-17　水浴除尘器示意图

湿式除尘器的优点是结构简单,投资低,占地面积小,除尘效率较高,并能同时进行有害气体的净化。其缺点主要是不能干法回收物料,而且泥浆处理比较困难,有时需要设置专门的废水处理系统。

**5. 过滤除尘装置**

过滤除尘装置是使含尘空气通过滤料,将粉尘分离捕集的装置。袋式除尘装置(图 4-18)就是过滤除尘装置的一种,主要依靠滤料表面形成的粉尘初层和集尘层进行过滤。它通过以下几种效应捕集粉尘:

(1)筛滤效应:当粉尘的粒径比滤料空隙或滤料上的初层孔隙大时,粉尘便被捕集下来。

(2)惯性碰撞效应:含尘气体流过滤料时,尘粒在惯性力作用下与滤料碰撞而被捕集。

(3)扩散效应:微细粉尘由于布朗运动与滤料接触而被捕集。

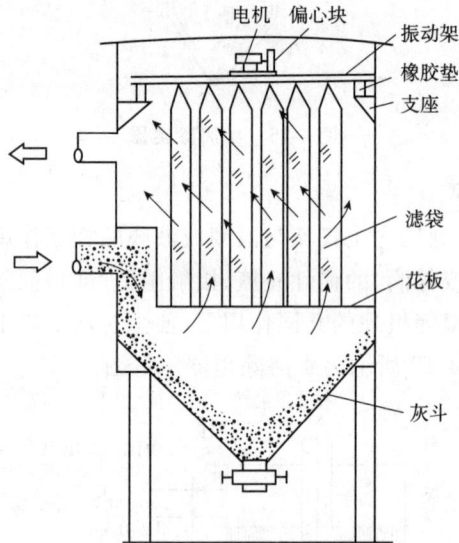

图 4-18　机械袋式除尘装置

**6. 静电除尘装置**

静电除尘器是利用静电将气体中粉尘分离的一种除尘设备,简称电除尘器。

电除尘器由本体及直流高压电源两部分构成。本体中排列有数量众多的、保持一定间距的金属集尘极(又称极板)与电晕极(又称极线),用以产生电晕,捕集粉尘。还设有清除电极上沉积粉尘的清灰装置、气流均布装置、存输灰装置等。图 4-19 所示为静电除尘器的工作原理图。

静电除尘器是一种高效除尘器,理论上可以达到任何要求的去除效率。但随着去除效率的提高,会增加除尘设备造价。静电除尘器压力损失小,运行费用较节省。

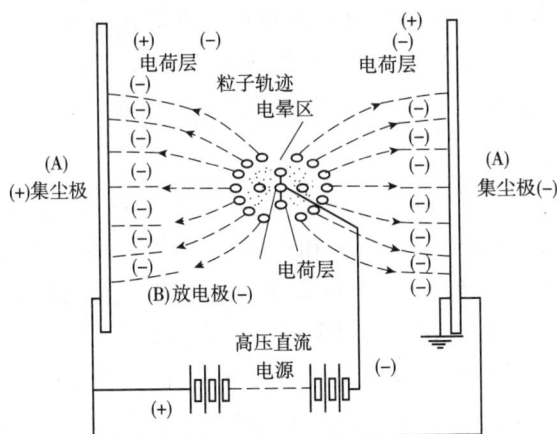

**图 4-19 静电除尘器的工作原理**

## 三、风管

### 1. 风管的材料

可用来制作风道的材料很多,一般工业通风系统常使用薄钢板制作风道,有时也采用铝板或不锈钢板制作。输送腐蚀性气体的通风系统,往往采用硬质聚氯乙烯塑料板或玻璃钢制作;埋在地坪下的风道,通常用混凝土板做底,两边砌砖,内表面抹光,上面再用预制的钢筋混凝土板做顶板,如地下水位较高,还需做防水层。

风管材料应坚固耐用,表面光滑,易于制造且价格便宜。可用作风管材料的有薄钢板、胶合板、纤维板、砖及混凝土等。薄钢板是最常用的材料,它分普通钢板和镀锌钢板两种,一般通风空调系统采用厚度为 0.5～1.5mm 的钢板。聚氯乙烯板也可作为风管材料,它光洁、不积尘、耐腐蚀,在净化空调工程中有时被采用。但其造价和施工安装费用大。近处来,还有用经过表面处理的玻璃纤维板作风管材料的,它兼有消声和保温的效果。

需要移动的风管常用柔性材料制作成各种软管,如塑料管、橡胶管和金属软管等。

以砖、混凝土等材料制作的风管,主要用于需要与建筑结构配合的场合,它结合装饰、经久耐用、但阻力较大,在体育馆、影剧院等空调工程中常利用建筑空间组合成通风管道,这种管道断面较大,减小了流速,降低了阻力。显然,在确定风道截面积时,必须先定风速,对于机械通风系统,如果流速较大,则可以减少风道的截面积,从而降低通风系统的造价和减少风道占用的空间;但却增大了空气流动的阻力,增加风机消耗的动能,并且气流流动的噪声也随之增大。如果流速偏低,则与上述情况相反,将增加系统的造价和降低运行费用。因此,对流速的选定应该进行技术经济比较,其原则是使通风系统的初投资和运行费用的总和最经济,同时也要兼顾噪声和风管布置方面的一些因素。

**2. 风管的断面形式**

通风管道的断面有圆形和矩形两种,在同截面积下,圆断面风管周长最短,在同样风量下,圆断面风管压力损失相对较小,因此,一般工业通风系统都采用圆形风管(尤其是除尘风管)。矩形风管易于和建筑配合,占用建筑层高较低,且制作方便,所以空调系统及民用建筑通风一般采用矩形风管。

通风、空调管道选用的通风管道应规格统一,优先采用圆形风管或长、短之比不大于4的矩形截面。实际工程中,为减少占用建筑层高,往往采用较小的厚度,风管尺寸会超过标准宽度。

**3. 风管的布置**

风管的布置应力求顺直,避免复杂的局部构件,弯头、三通等构件要安排得当,与风管连接要合理,以减少阻力和噪声。风管上应该设置必要的调节和测量装置或预留安排测量装置的接口。调节和测量装置应设在便于操作和观察的地点。

**4. 风管的局部构件**

(1)弯头

减小弯头局部阻力的方法是尽量用弧弯管代替直角弯。弧弯管的曲率半径不宜过小,一般可取圆形弯头或矩形弯头高边的1~2倍,对较小曲率半径的矩形弯头应设置导流叶片。弯头的导流叶片分单叶片式和双叶片式两种。实际制作时可参考有关的标准详图。

(2)三通

三通有合流三通和分流三通两种。

合流三通内直管的气流速度大于支管时,会发生直管气流引射支管气流的现象,流速大的直管气流失去能量,流速小的支管气流得到能量,因而使支管的局部阻力系数出现负值。同理,有时直管的局部阻力系数也会出现负值,但不会同时为负。

分流三通的支管和直管不可能有能量的增大,因此,两个局部阻力系数都不会出现负值。

(3)阀门

　　通风系统中的阀门主要用于启动风机,关闭风道、风口,调节管道内空气量,平衡阻力等。阀门安装于风机出口的风道上、主干风道上、分支风道上或空气分布器之前等位置。常用的阀门有插板阀、蝶阀。

　　插板阀的构造如图 4-20 所示,多用于风机出口或主干风道处作开关。通过拉动手柄来调整插板的位置即可改变风道的空气流量,其调节效果好,但占用空间大。

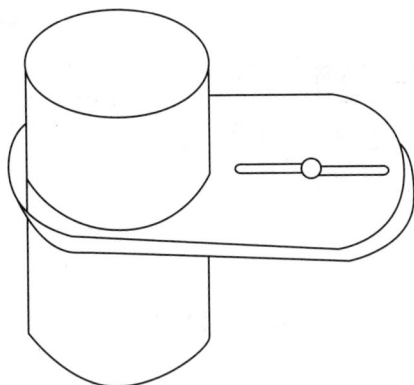

图 4-20　插板阀

　　蝶阀的构造如图 4-21 所示,多用于风道分支处或空气分布器前端。转动阀板的角度即可改变空气流量。蝶阀使用较为方便,但严密性较差。

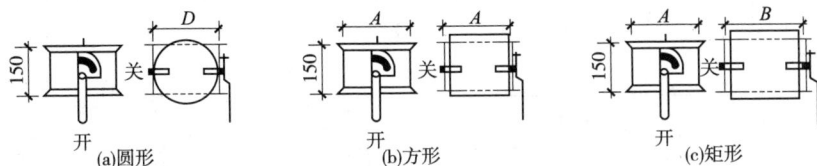

(a)圆形　　　　　　(b)方形　　　　　　(c)矩形

图 4-21　蝶阀

　　多叶调节阀,外形类似活动百叶,通过调节叶片的角度来调节风量大小。一般多用于风机出口和主干风道上。

## 四、风口

### 1. 室内送、排风口

　　室内送、排风口是分别将一定量的空气,按一定的速度送到室内,或由室内将空气吸入排风管道的构件。

　　送、排风口一般应满足以下要求:风口风量应能够调节;阻力小;风口尺寸应尽可能小。在民用建筑和公共建筑中室内送、排风口形式应与建筑结构的美观相配合。

(1)百叶式风口

百叶风口通常由铝合金制成,外形美观,选用方便,调节灵活,安装简单。图4-22是常用的一种性能较好的百叶风口,可以安装在风管上,也可以安装在墙上。其中双层百叶式风口不仅可以调节出风口气流速度,而且可以调节气流角度。

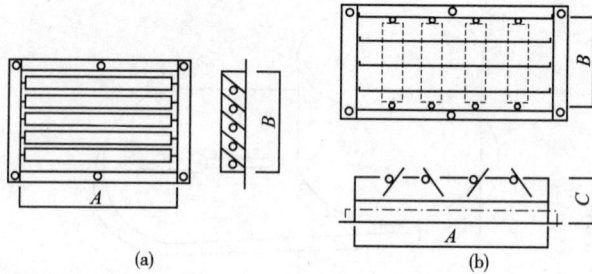

图 4-22　百叶送风口

(2)侧向送回风口

这种风口结构简单,是直接在风道侧壁开孔或在侧壁加装凸出的矩形风口,为控制风量和气流方向,孔口处常设挡板或插板。此种风口的缺点是各孔口风速不均匀,风量也不易调节均匀,通常用于空调精度要求不高的工程中。

图 4-23 是构造最简单的两种送风口,风口直接开设在风道上,用于侧向或下向送风。

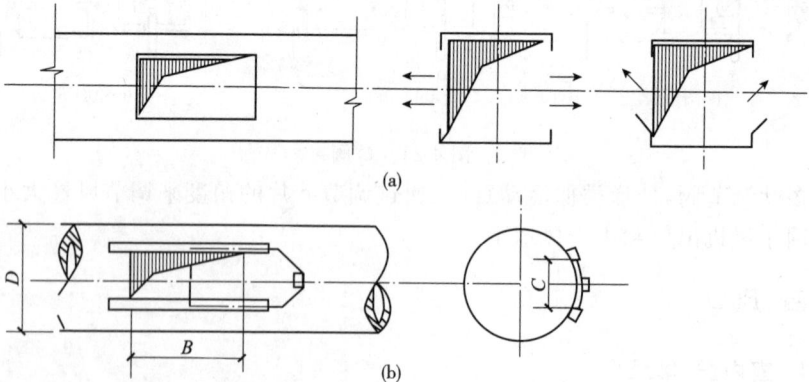

图 4-23　最简单的两种送风口

(a)风管侧送风口;(b)插板式送、吸风口

(3)散流器

散流器是一种通常装在空调房间的顶棚或暴露风管的底部作为下送风口使

用的风口。其造型美观,易与房间装饰要求配合,是使用最广泛的送风口之一。

散流器类型按外形分为圆形、方形和矩形;按气流扩散方向分为单向的(一面送风)和多向的(两面、三面和四面送风);按送风气流流型分为下送型和平送型;按叶片结构分为流线型、直(斜)片式、圆环式和圆盘形。

平送式散流器是指气流从散流器出来后贴附着棚顶向四周流入室内,使射流与室内空气更好地混合后进入工作区。如图 4-24 所示。

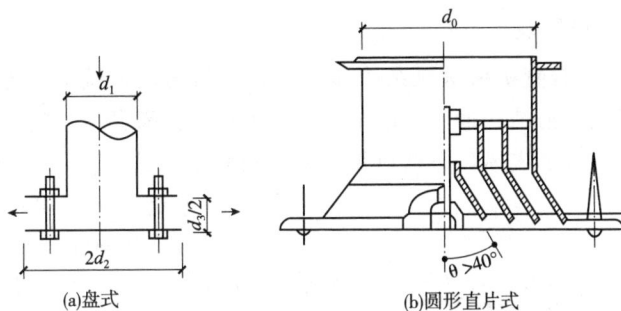

图 4-24　平送式散流器

下送式散流器是指气流直接向下扩散进入室内,这种下送气流可使工作区被笼罩在送风气流中。如图 4-25 所示。

(4)喷口

喷口是喷射式送风口的简称,是用于远距离送风的风口。其主要形式有圆形和球形两种。这种送风口不装调节叶片或网栅,风速大、射程远,适用于体育馆、剧院等大空间的公共建筑。如图 4-26 所示。

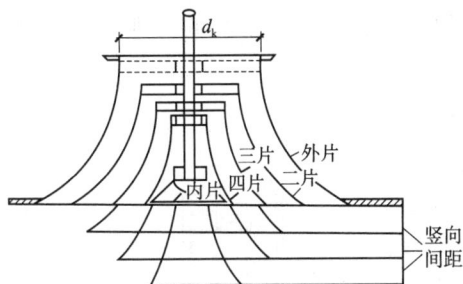

图 4-25　下送式散流器

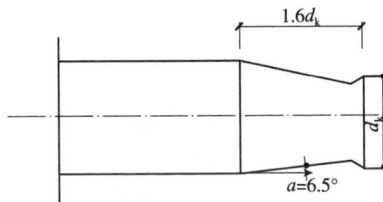

图 4-26　喷射式送风口

(5)空气分布器

在工业车间中往往需要大量的空气从较高的上部风道向工作区送风,而且为了避免工作地点有"吹风"的感觉,要求送风口附近的风速迅速降低。在这种情况下常用的室内送风口形式是空气分布器,如图 4-27 所示。

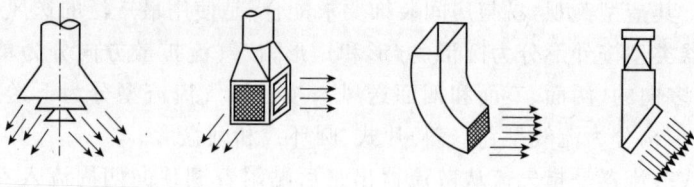

图 4-27 空气分布器

## 2. 室外进、排风装置

(1)室外进风装置机械送风系统和管道式自然通风系统的室外进风装置应设在室外空气比较清洁的地方,在水平和垂直方向上都要尽量远离和避开污染源。室外进风装置的进风口是通风系统采集新鲜空气的入口。根据建筑设计要求的不同,室外进风装置可以设置在地面上,也可以设置在屋顶上。图 4-28 是设置在地面上的构造形式进风装置。

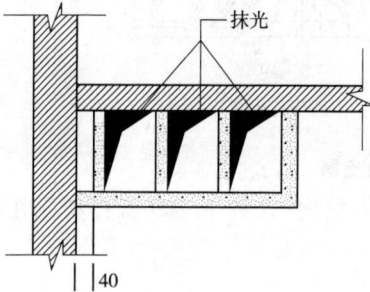

图 4-28 设置在地面上的进风装置

在图 4-29(a)中是贴附在建筑物的外墙上,图 4-29(b)是做成离建筑物而独立的构造物,图 4-29(c)是设置在外墙壁上的进风装置。

室外进风装置进风口底部距室外地坪高度不宜小于 2m。进风口应设置百叶窗,避免吸入地面的粉尘和污物,同时还可避免雨、雪的侵入。进风装置若设置在屋顶上时,进风口应高出屋面 0.5～1.0m,以免吸入屋面上的灰尘或冬季被雪堵塞。机械送风系统的进风室常设置在建筑物的地下室或底层,在工业厂房里为减少占地面积也可设在平台上。

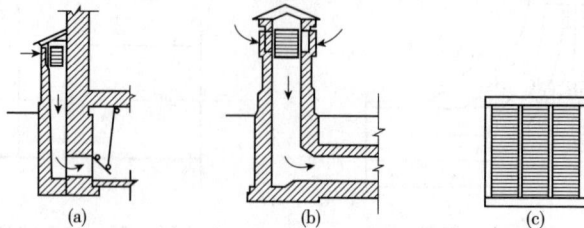

图 4-29 室外进风装置

(2)排风装置

排风装置即排风道的出口,经常做成风塔形式安装在屋顶上。要求排风口高出屋面 1m 以上,以避免污染附近空气环境,如图 4-30 所示。为防止雨、雪或风沙倒灌,在出口处应设有百叶格或风帽。机械排风时可以直接在外墙上开口作为风口,如图 4-31 所示。

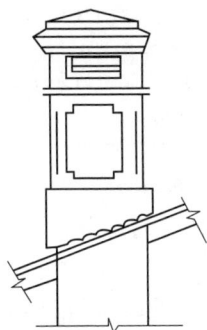

图 4-30　屋顶上的排风装置

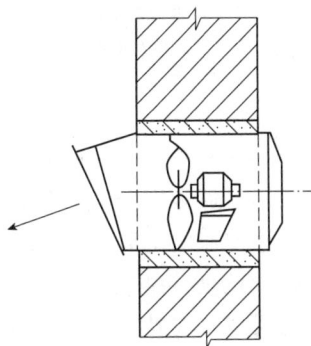

图 4-31　外墙上的排风口

# 第三节　建筑防排烟

建筑的防火与排烟,由暖通专业所承担的部分是针对空调和通风系统而言的,其目的是阻止火势通过空调和通风系统蔓延;而所承担的防排烟任务是针对整个建筑物的。目的是将火灾产生的烟气在着火处就地予以排出,防止烟气扩散到其他防烟分区中,从而保证建筑物内人员的安全疏散和火灾的顺利扑救。

## 一、防火分区与防烟分区

在建筑设计中防火分区的目的是防止火灾的扩大,分区内应该设置防火墙、防火门、防火卷帘等设备。防烟分区则是对防火分区的细分化,能有效地控制火灾产生的烟气流动。

### 1. 防火分区

防火分区的划分通常由建筑构造设计阶段完成。防火分区之间用防火墙、防火卷帘和耐火楼板进行隔断。每个防火分区允许最大建筑面积见表 4-1。

表 4-1　每个防火分区允许最大建筑面积

| 建筑类别 | 每个防火分区允许最大建筑面积(m²) | 备　　注 |
|---|---|---|
| 一类建筑 | 1000 | 设有自动灭火系统时,面积可增大 1 倍 |
| 二类建筑 | 1500 | 设有自动灭火系统时,面积可增大 1 倍 |
| 二地下室 | 500 | 设有自动灭火系统时,面积可增大 1 倍 |
| 商业营业厅、展览厅等 | 4000(地上)/2000(地下) | 设有火灾自动报警系统和自动灭火系统,且采用不燃烧或难燃烧材料装修 |

（续）

| 建筑类别 | 每个防火分区允许<br>最大建筑面积（m²） | 备　注 |
|---|---|---|
| 裙房 | 2500 | 高层建筑与裙房之间设有防火墙等防火设施，设有自动喷水灭火系统时，面积可增加1倍 |

高层建筑通常在竖向以每层划分防火分区，以楼板作为隔断。如建筑内设有上下层相连通的走廊、自动扶梯等开口部位时，应把连通部分作为一个防火分区考虑，其面积也可按表4-1确定。

当高层建筑与其裙房之间设有防火墙等防火分隔设施时，裙房的防火分区允许最大建筑面积不应大于2500m²；当设有自动喷水灭火系统时，防火分区允许最大建筑面积可增加1倍。图4-32为高层建筑防火分区实例。

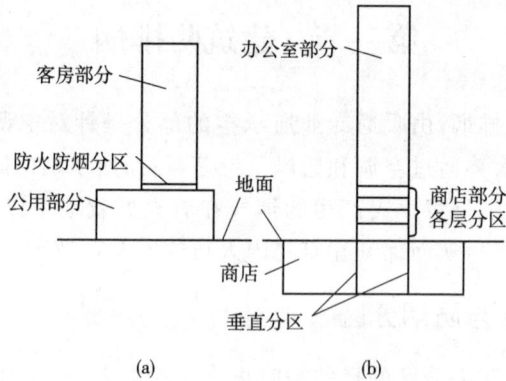

图4-32　高层建筑防火分区实例
（a）旅馆；（b）办公楼

## 2. 防烟分区

防烟分区是指以屋顶挡烟隔板、挡烟垂壁、隔墙或从顶棚下凸不小于500mm的梁来划分区域的防烟空间。其划分原则是保证在一定时间内，使火场上产生的高温烟气不致随意扩散，并迅速排除，达到控制火势蔓延和减少火灾损失的目的，为人员的安全疏散和火灾扑救创造良好的时机。

设置排烟设施的走道，净高不超过6m的房间，应采用挡烟垂壁、隔墙或从顶棚下凸出不小于0.5m的梁划分防烟分区。每个防烟分区的建筑面积不宜超过500m²，且防烟分区不应跨越防火分区，图4-33为防火防烟分区实例。

防烟分区划分应遵循以下原则：

（1）不设排烟设施的房间（包括地下室）和夹道，不划分防烟分区。

（2）防烟分区不应跨越防火分区。

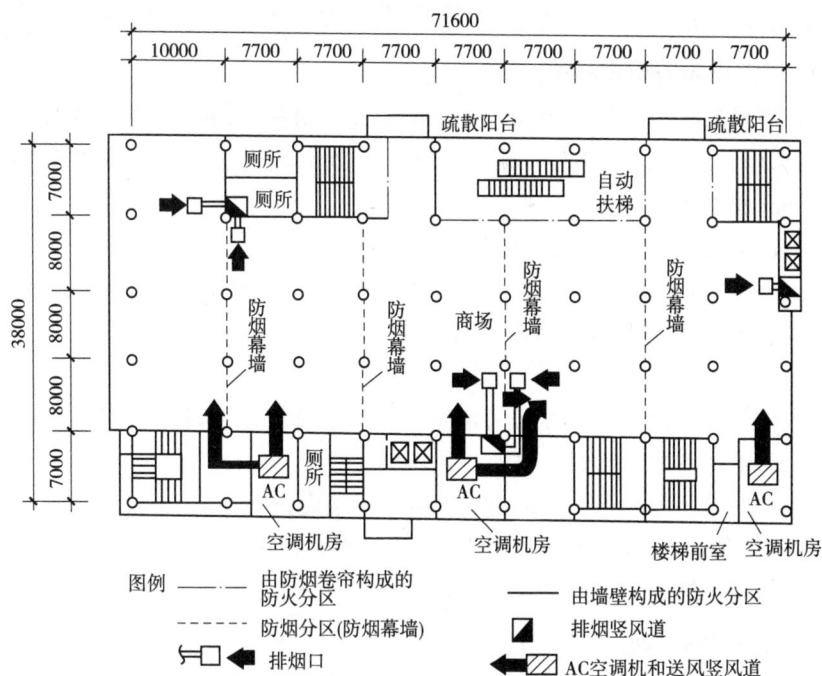

图4-33 防火防烟分区实例

（3）对有特殊用途的场所，如地下室、防烟楼梯间、消防电梯、避难层（间）等应单独划分防烟分区。

（4）防烟分区一般不跨越楼层，某些情况下一层面积过小，允许包括一个以上的楼层，但以不超过3层为宜。

（5）每个防烟分区的面积，对于高层民用建筑和其他建筑，其面积不宜大于500m²；对于地下建筑，其使用面积不应大于400m²；当顶棚（或顶板）高度在6m以上时，可不受其限制，但防烟分区不得跨越防火分区。

## 二、建筑物的防排烟

高层建筑发生火灾时，建筑物内部人员的疏散方向为：

房间→走廊→防烟楼梯间前室→防烟楼梯间→室外，由此可见，防烟楼梯间是人员唯一的垂直疏散通道，而消防电梯是消防队员进行扑救的主要垂直运输工具。为了疏散和扑救的需要，必须确保在疏散和扑救过程中防烟楼梯间和消防电梯井内无烟，因此，应在防烟楼梯间及其前室、消防电梯间前室和两者合用前室设置防烟设施。为保证建筑内部人员安全进入防烟楼梯间，应在走廊和房间设置排烟设施。排烟设施分为机械排烟设施和可开启外窗的自然排烟设施。另外，高度在100m以上的建筑物由于人员疏散比较困难，因此还应设有避难层或避难间,对其应设置防烟设施。

**1. 排烟设施的设置场所**

(1)丙类厂房中建筑面积大于 300m² 的地上房间;人员、可燃物较多的丙类厂房或高度大于 32m 的高层—房中长度大于 20m 的内走道;任一层建筑面积大于 5000m² 的丁类厂房。

(2)占地面积大于 1000m² 的丙类仓库。

(3)公共建筑中经常有人停留或可燃物较多,且建筑面积大于 300m² 的地上房间;长度大于 20m 的内走道。

(4)中庭。

(5)设置在一、二、三层且房间建筑面积大于 200m² 或设置在四层及四层以上或地下、半地下的歌舞娱乐放映游艺场所。

(6)总建筑面积大于 200m² 或一个房间建筑面积大于 50m² 且经常有人停留或可燃物较多的地下、半地下建筑或地下室、半地下室。

(7)其他建筑中地上长度大于 40m 的疏散走道。

**2. 自然排烟设施**

自然排烟是利用烟气的热压或室外压的作用,通过与防烟楼梯间及其前室、消防电梯间前室和两考合用前室相邻的阳台、凹廊或在外墙上设置便于开启的外窗或排烟窗进行无组织的排烟。

自然排烟无需专门的排烟设施,其构造简单、经济,火灾发生时不受电源中断的影响,而且平时可兼做换气用。但因受室外风向、风速和建筑本身密闭性或热压作用的影响,排烟效果不够稳定。

自然排烟口设置应符合以下要求:

(1)防烟楼梯间前室、消防电梯间前室,不应小于 2m²;合用前室,不应小于 3m²。

(2)靠外墙的防烟楼梯间,每 5 层内可开启排烟窗的总面积不应小于 2m²。

(3)中庭、剧场舞台,不应小于该中庭、剧场舞台楼地面面积的 5%。

(4)其他场所,宜取该场所建筑面积的 2%～5%。

(5)作为自然排烟的窗口宜设置在房间的外墙上方或屋顶上,并应有方便开启的装置。自然排烟口距该防烟分区最远点的水平距离不应超过 30m。

**3. 机械加压送风设施**

机械加压送风是通过通风机所产生动力来控制烟气的流动,即通过增加防烟楼梯间及其前室、消防电梯间前室和两者合用前室的压力以防止烟气侵入。机械加压送风的特点与自然排烟相反。没有条件采用自然排烟方式时,在防烟楼梯间、消防电梯间前室或合用前室、采用自然排烟措施的防烟楼梯间、不具备自然排烟条件的前室以及封闭避难层都应设置独立的机械加压送风防烟措施。

防烟楼梯间与前室或合用前室采用自然排烟方式与机械加压送风方式的组合有多种形式。它们之间的组合关系以及防烟设施的设置部位,见表4-2。

表 4-2　垂直疏散通道防烟部位的设置

| 组合关系 | 防烟部位 |
| --- | --- |
| 不具备自然排烟条件的防烟楼梯间 | 楼梯间 |
| 不具备自然排烟条件的防烟楼梯间与采用自然排烟杆的前室或合用前室 | 楼梯间 |
| 采用自然排烟的防烟楼间与不具备自然排烟条件的前室或合用前室 | 前室或合用前室 |
| 不具备自然排烟条件的防烟楼梯间与合用前室 | 楼梯间、合用前室 |
| 不具备自然排烟条件的消防电梯间前室 | 前室 |

机械加压送风防烟设施的设置要求为:

(1)防烟楼梯间内机械加压送风防烟系统的余压值应为 40～50Pa;前室、合用前室的应为 25～30Pa。

(2)防烟楼梯间和合用前室的机械加压送风防烟系统宜分别独立设置。

(3)防烟楼梯间的前室或合用前室的加压送风口应每层设置 1 个。防烟楼梯间的加压送风口宜每隔 2 或 3 层设置 1 个。

(4)机械加压送风防烟系统中送风口的风速不宜大于 7m/s。

(5)设置排烟设施的场所当不具备自然排烟条件时,应设置机械排烟设施。

(6)需设置机械排烟设施且室内净高小于等于 6m 的场所应划分防烟分区;每个防烟分区的建筑面积不宜超过 500m²,防烟分区不应跨越防火分区。

(7)防烟分区宜采用隔墙、顶棚下凸出不小于 500mm 的结构梁,以及顶棚或吊顶下凸出不小于 500mm 的不燃烧体等进行分隔。

#### 4. 机械排烟设施

机械排烟鞋通过降低走廊、房间、中庭或地下室的压力将着火时产生的烟气及时排出建筑物。建筑中下列部位应设置独立的机械排烟设施:

(1)长度超过 60m 的内走廊或无直接自然通风,而且长度超过 20m 的内走廊;

(2)面积超过 100m²,而且经常有人停留或可燃物较多的地上无窗房间或设置固定窗的房间;

(3)不具备自然排烟条件或净高超过 12m 的中庭;

(4)除具备自然排烟条件的房间外,各房间总面积超过 200m² 或一个房间面积超过 50m²,而且经常有人停留或可燃物较多的地下室。

机械排烟系统设置时,注意横向宜按防火分区设置;竖向穿越防火分区时,垂直排烟管道宜设置在管井内;穿越防火分区的排烟管道应在穿越处设置排烟防火阀。

### 5. 排烟口的设置要求

排烟口应设在顶棚上或靠近顶棚的墙面上,且与附近安全出口沿走道方向相邻边缘之间的最小水平距离不应小于1.5m;设在顶棚上的排烟口,距可燃构件或可燃物的距离不应小于1m;排烟口平时关闭,并应设置有手动和自动开启装置;防烟分区内的排烟口距最远点的水平距离不应超过30m;在排烟支管上应设有当烟气温度超过280℃时能自行关闭的排烟防火阀,图4-34为排烟口的设置位置。

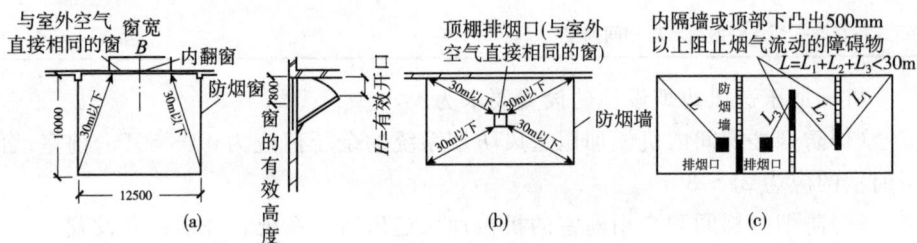

图4-34 排烟口在不同部位的设置位置

(a)靠近顶棚墙面上的排烟口;(b)顶棚排烟口;(c)有内隔墙和下垂挡烟障碍物时的排烟口

# 第四节 建筑通风工程施工图识读

## 一、通风施工图的组成

与其他安装类的工程施工图一样,通风系统施工图通常也是由文字部分和图纸部分组成。

文字部分包括图纸目录、设计总说明和主要设备材料表,图纸部分包括基本图和详图。

基本图是指通风空调系统平面图、剖面图、轴测图和原理图,详图是指通风空调系统中某些局部构造和部件的放大图和加工图等。

### 1. 图纸目录

和书籍的目录功能相似,图纸目录是通风空调系统安装工程施工图纸的总索引,其主要用途是方便使用者迅速查找到自己所需的图纸。在图纸目录中完整地列出了通风工程施工图所有设计图纸的名称、图号和工程编号等,有时也包含图纸的图幅和备注。

### 2. 设计和施工说明

设计和施工说明在整套通风工程施工图中占有重要作用,用来向识图者说明系统的设计概况和施工要求,主要包括以下两部分内容。

(1)设计说明主要介绍通风系统的室内设计气象参数、冷热源情况、通风系统的划分与组成、通风系统的使用操作要点等内容。

(2)施工说明主要介绍设计中使用的材料和附件,系统工作压力和试压要求,管道与设备的施工要求,支吊架的制作和安装要事,涂料施工要求、调试方法与步骤以及施工规范等。

### 3. 主要设备材料表

主要设备材料表是用来罗列通风空调系统中所使用的设备和主要材料的图纸,内容包括设备和主要材料的名称、型号规格、单位、数量、生产厂家以及备注等。不同的设计单位可能有不同形式的表格,内容可能也有细小的差别。当数量较少时,有时也归纳到设计与施工说明中。

### 4. 系统原理方框图

系统原理方框图是综合性的示意图,它将空气处理设备、通风管路、冷热源管路、排风量和各风口的送、自动调节及检测系统联结成一个整体,构成一个整体的通风系统。它表达了系统的工作原理及各环节的有机联系。这种图样一般通风系统无须绘制,只是在比较复杂的通风空调工程才绘制。

### 5. 系统平面图

在通风系统中,平面图上表明风管、部件及设备在建筑物内的平面坐标位置。其中包括:

(1)风管,送、回(排)风口,风量调节阀,测孔等部件和设备的平面位置、与建筑物墙面的距离及各部位尺寸。

(2)送、回(排)风口的空气流动方向。

(3)通风系统设备的外形轮廓、规格型号及平面坐标位置。

### 6. 系统剖面图

剖面图上表明风管、部件及设备的立面位置及标高尺寸。在剖面图上可以看出风机、风管及部件、风帽的安装高度。

### 7. 系统轴测图

采用轴测投影原理绘制出的系统轴测图,可以完整而形象地把风管、部件及设备之间的相对位置及空间关系表示出来。系统轴测图上还注明风管、部件及设备的标高,各段风管的规格尺分,送、排风口的形式和风量值。系统轴测图一般用单线表示。

### 8. 详图

通风系统详图表明风管、部件及设备制作和安装的具体形式、方法和详细构造及加工尺寸。对于一般性的通风工程,通常都使用国家标准图册,只是对于一些有特殊要求的工程,则由设计部门根据工程的特殊情况设计施工详图。

### 9. 常用图例和符号

通风施工图上一般都编有图例表,把该工程所涉及的通风、空调部件、设备等用图形符号编表列出并加以注解,对识读施工图提供方便。在通风空调安装工程施工图中为了识图方便,用单独的图纸列出了施工图中所用到的图例符号。其中有些是国家标准中规定的图例符号,也有一些是制图人员自定的图例符号。当图例符号数量较少时,有时也归纳到设计与施工说明中或直接附在图纸旁边。

(1)水、汽管道代号常用水、汽管道代号见表 4-3。自定义的管道代号通常在施工图中进行了说明。

表 4-3 通风空调安装工程施工图常用水、汽管道代号

| 序号 | 代号 | 管道名称 | 备 注 |
|---|---|---|---|
| 1 | R | (供暖、生活、工艺用)<br>热水管 | ①用粗实线、粗虚线区分供水、回水时,可省略代号<br>②可附加阿拉伯数字区分供水、回水<br>③可附加阿拉伯数字表示一个代号、不同参数的多种管道 |
| 2 | Z | 蒸汽管 | 需要区分饱和、过热、自用蒸汽时,可在代号前分别附加 B、G、Z |
| 3 | N | 凝结水 | |
| 4 | P | 膨胀水管、排水管、排气管、旁通管 | 需要区分时,可在代号后附加一个小写汉语拼音字母 |
| 5 | G | 补给水管 | |
| 6 | X | 泄水管 | |
| 7 | XH | 循环管、信号管 | |
| 8 | L | 空调冷水管 | |
| 9 | LR | 空调冷/热水管 | |
| 10 | LQ | 空调冷却水管 | |
| 11 | n | 空调冷凝水管 | |

(2)风道代号见表 4-4,自定代号需在施工图中说明。

**表 4-4 通风空调安装工程施工图中风道代号**

| 代号 | 风道名称 | 代号 | 风道名称 |
|---|---|---|---|
| K | 空调风管 | H | 回风管(一、二次回风可附加 1,2 以区别) |
| S | 送风管 | P | 排风管 |
| X | 新风管 | PY | 排烟管或排风、排烟共用管道 |

(3)通风工程图中注明的水、经管道和风道、阀门和附件、通风设备等图例都须严格遵守国家标准的规定,自定图例需在施工图中说明。

## 二、工程图识读方法及识读举例

### 1. 识读方法

通风空调施工图的识读,应当遵循从整体到局部,从大到小,从粗到细的原则,同时要将图样与文字对照看,各种图样对照看,达到逐步深入与细化。

看图的过程是一个从平面到空间的过程,还要利用投影还原的方法,再现图纸上各种图线图例所表示的管件与设备空间位置及管路的走向。

看图的顺序是:首先看图纸目录,了解建设工程性质、设计单位,弄清楚整套图纸共有多少张,分为哪几类;其次是看设计施工说明、材料设备表等一系列文字说明;最后再按照原理图、平面图、剖面图、系统轴测图及详图的顺序逐一详细阅读。

对于每一单张图纸,看图时首先要看标题栏,了解图名、图号、图别、比例,以及设计人员,其次看图纸上所画的图样、文字说明和各种数据,弄清各系统编号、管路走向、管径大小、连接方法、尺寸标高、施工要求;对于管路中的管道、配件、部件、设备等,应弄清其材质、种类、规格、型号、数量、参数等;另外,还要弄清管路与建筑、设备之间的相互关系及定位尺寸。

### 2. 工程图识读举例

(1)图 4-35 为某车间排风系统的平面图、剖面图和系统轴测图。该系统属于局部排风,其功能是将工作台上的污染空气排到室外,以保证工作人员的身体健康。系统工作状况是从排气罩到风机为负压吸风段,风机到风帽为正压排风段。

说明:

1)通风管用 0.7mm 薄钢板。

2)加工要求:

①采用咬口连接;

②采用扁钢法兰盘;

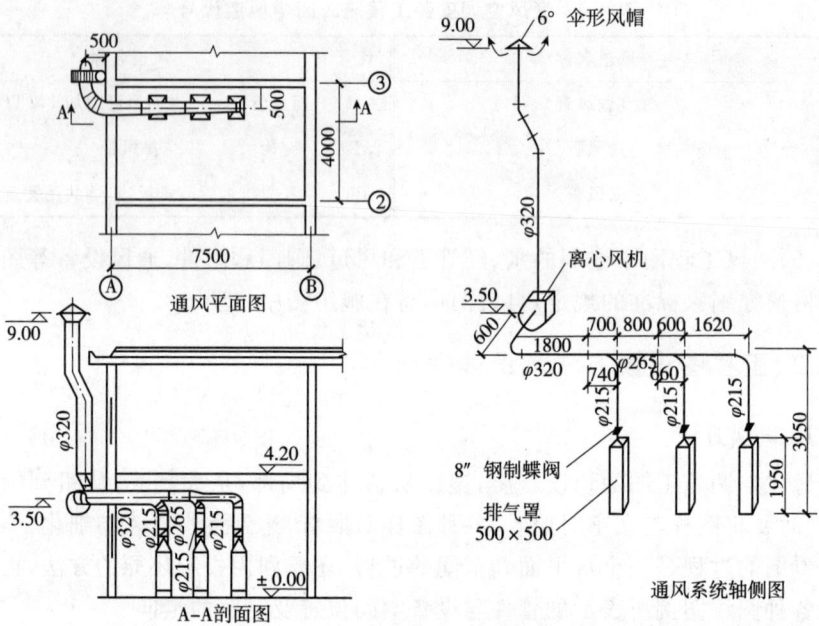

**图 4-35　排风系统施工图**

③风管内外表面各刷樟丹漆 1 遍,外表面刷灰调和漆 2 遍。

3)风机型号 4-72-11,电机 1.1kW 减震台座 No.4.5A。

①施工图设计说明的识读从施工图设计说明中可以了解到:

风管采用 0.7mm 的薄钢板;排风机采用离心风机,型号为 4-72-11,所附电机为 1.1kW;风机减震底座采用 NO.4.5A 型。

加工要求:采用咬口连接,法兰采用扁钢加工制作。

油漆要求:风管内表面刷樟丹漆一遍,外表面刷樟丹漆一遍、灰调和漆二遍。

②平面图的识读通过对平面图的识读可以了解到风机、风管的平面布置和相对位置:风管沿③轴线安装,距墙中心 500mm;风机安装在室外在③和 A 轴线交叉处,距外墙面 500mm。

③剖面图的识读通过对 A-A 剖面图的识读可以了解到风机、风管、排气罩的立面安装位置、标高和风管的规格。排气罩安装在室内地面,标高为相对标高 ±0.000,风机中心标高为 +3.500m。风帽标高为 +9.000m。风管干管为 $\varphi320$,支管为 $\varphi215$,第一个排气罩与第二个排气罩之间的一段支管为 $\varphi265$。

④系统轴测图的识读通过识读平面图和剖面图已经对整个排风系统有了一个大致的印象,然后再识读系统轴测图,就可以对整个系统有一个清楚的概念了。系统轴测图形象具体地表达了整个系统的空间位置和走向,还表示了风管的规格和长度尺寸,以及通风部件的规格型号等。

　　在实际工作中细读通风系统施工图时,往往是平面图、剖面图、系统轴测图等几种图样结合起来一起识读,可以随时对照,一种图未表达清楚的地方可以立即看另一种图。这样既可以节省看图时间,又能对图纸看得深透,还能发现图纸中存在的问题。

　　⑤设备材料清单该图所附的设备材料清单如表 4-5 所示。

表 4-5　设备材料清单

| 序号 | 名称 | 规格型号 | 单位 | 数量 | 说明 |
|---|---|---|---|---|---|
| 1 | 圆形风管 | 薄钢板 $\delta = 0.7$mm, $\phi$215 | m | 8.50 | |
| 2 | 圆形风管 | 薄钢板 $\delta = 0.7$mm, $\phi$265 | m | 1.30 | |
| 3 | 圆形风管 | 薄钢板 $\delta = 0.7$mm, $\phi$320 | m | 7.8 | |
| 4 | 排气罩 | 500mm×500mm | 个 | 3 | |
| 5 | 钢制蝶阀 | 8″ | 个 | 3 | |
| 6 | 伞形风帽 | 6″ | 个 | 1 | |
| 7 | 帆布软管接头 | $\phi$320/$\phi$450$L$=200mm | 个 | 1 | |
| 8 | 离心风机 | 4-72-11, No. 4.5A $H$=65mm, $L$=2860mm | 台 | 1 | |
| 9 | 电动机 | JO$_2$-21-4 $N$=1.1kW | 台 | 1 | |
| 10 | 风机减震台座 | 下周长 1900 型 | 个 | 1 | |
| 11 | 风机减震台座 | | 座 | 1 | |

　　(2)以某厂化学合成车间通风系统的若干图样为例,进一步说明通风施工图的识读方法。图 4-36 是某化工车间通风平面图。

　　从图中可以看出:靠近轴线的一排柱子旁装了一条矩形送风管。在轴线⑩~⑥间的通风机房安装了两套排风管道。送风室设在轴①与轴②和轴④与轴⑧图中厂房的低跨部分。矩形送风管断面尺寸是由 850mm×400mm 到 300mm×400mm 均匀变化的。风量由进风小室的百叶窗经加热器由风机抽入风管,通过风管上 7 个送风口将热风送入车间。

　　图 4-37 为该车间的通风剖面图。

　　在 1-1 剖面图中,轴线®~©间表示的是送风系统的设备、风管的安装位置和高度、风管在屋面下的吊装方式、进风室的横断面及其高度等;轴线©~®间表示的是排风系统的设备、风管风帽的安装位置和高度。2-2 剖面图,是从纵向看两个槽列、密闭罩及排风管的安装位置和高度。

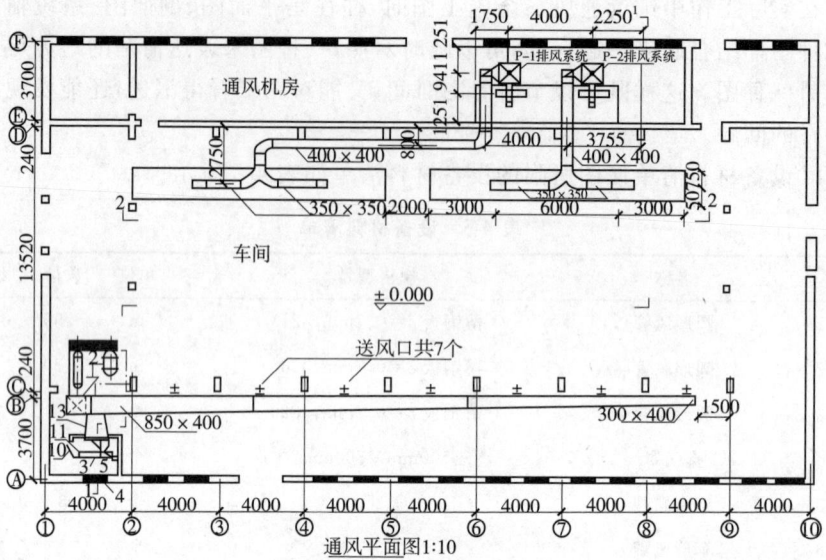

图 4-36　通风平面图

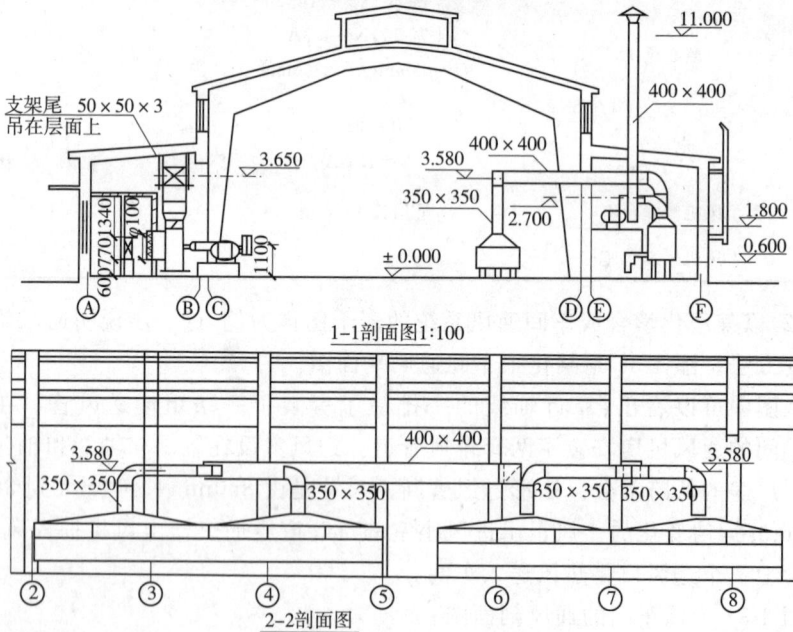

图 4-37　通风剖面图

　　图 4-38 是化工车间的通风系统图,着重表示送风管的形状、管径变化情况及空间走向,风管的连接、送风口的位置及管道安装标高等。由于送风管的管径较大又是均匀变化的,所以系统图按实物以双线画出,排风系统图以单线画出。

9-送风口共7个

7
850×400

850×400

8

300×400　11.000

23

6

400×400

1、2

3

4、5

送风系统图1:10

3.580

17
400×400

0.005

a

18
350×350

20

19

排风(P-1)系统图1:100

2.700

a

22

14/15

16 φ40排酸管

21

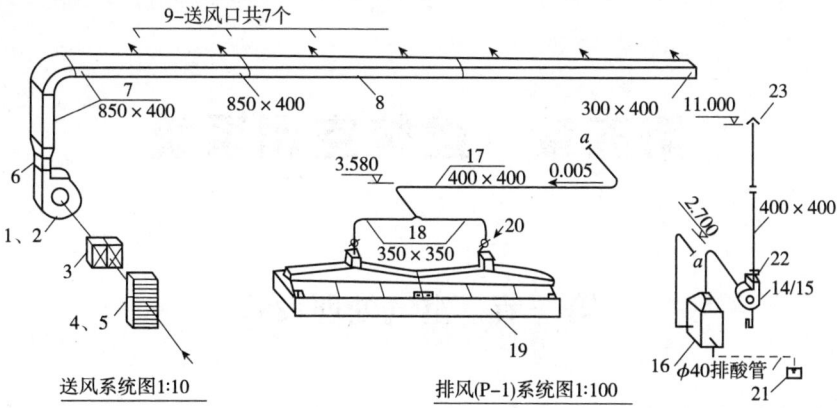

图 4-38　通风系统图

# 第五章　建筑空调系统

## 第一节　空气处理设备

### 1. 空气冷却设备

使空气冷却特别是降温除湿冷却,是对夏季空调进风的基本处理过程。在空气冷却器中通常利用冷媒(冷水或制冷剂)便可以实现空气的冷却过程。空气冷却设备主要有喷水室和表面式空气冷却器两种。在民用建筑的空调系统中,应用最多的是表面式空气冷却器。

(1)喷水室的空气处理方法是向流过的空气直接喷淋大量的水滴,被处理的空气与这些水滴接触,进行热湿交换从而达到所要求的状态。图 5-1 所示为喷水室的构造示意。喷水室主要由喷嘴、水池、喷水管道、挡水板、外壳等组成。喷水室的主要特点是能够实现多种不同的空气处理过程,具有一定的空气净化能力,耗费金属最少,比较容易加工,但它的占地面积大,对水质要求高,水系统较为复杂并且水泵电耗大等。

目前,在一般建筑中喷水室的使用已经很少,但在一些以调节湿度为主要任务的场合还在大量使用。例如纺织厂等。

(2)表面式空气冷却器分为水冷式、直接蒸发式和喷水式 3 种类型。水冷式表面空气冷却器与表面式空气加热器的原理相同,只是将热媒(热水或蒸汽)换成冷媒(冷水)而已,直接蒸发式表面空气冷却器,依靠制冷剂在蒸发器中蒸发吸热而使空气降温冷却;喷水式冷却器是将喷水室和表面冷却器相结合的一种组合体,如图 5-2 所示,这种冷却器可以克服表面冷却器无净化空气能力和不能加湿空气的缺点,还可以提高热交换能力,只是水系统复杂和耗电量大,限制了它的推广应用。

使用表面式空气冷却器,能对空气进行干式冷却(使空气的温度降低但含湿量不变)或减湿冷却两种处理过程,这决定于冷却器表面的温度是高于或低于空气的露点温度。

与喷水室相比,用表面式空气冷却器处理空气,具有设备结构紧凑、机房占

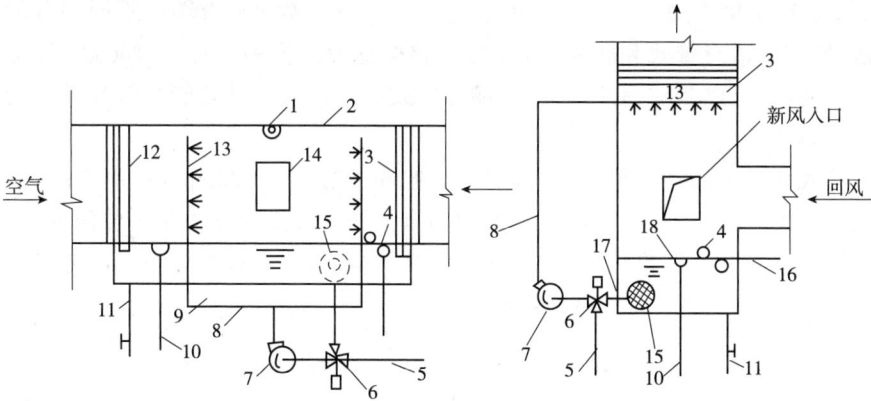

图 5-1　喷水室构造示意图

1-防水灯;2-外壳;3-后挡水板;4-浮球阀;5-冷水管;6-三通混合阀;7-水泵;

8-供水管;9-底池;10-溢水管;11-泄水管;12-前挡水板;13-喷嘴与排管;

14-检查门;15-滤水器;16-补水管;17-循环水管;18-溢水器

地面积小、水系统简单,以及操作管理方便等优点,因此,其应用非常广泛。但对于水冷式、直接蒸发式两种空气处理,因不能对空气进行加湿处理,不便于严格控制调节空气的相对湿度。

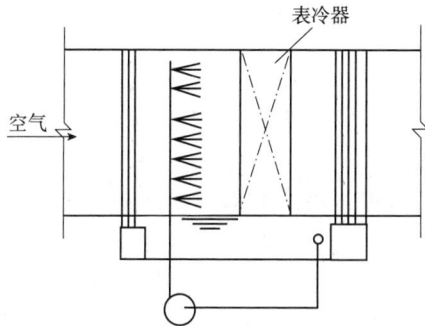

图 5-2　表面空气冷却器

### 2. 空气加热设备

在空调工程中,经常需要对送风进行加热处理,例如,冬季用空调来取暖等。目前,广泛使用的空气加热设备,主要有表面式空气加热器和电加热器两种。前者主要用于各集中式空调系统的空气处理室和半集中式空调系统的末端装置中,后者主要用于各空调房间的送风支管上作为精调设备,以及用于空调机组中。

(1)表面式空气加热器在空调系统中,管内流通热媒(热水或蒸汽)、管外加热空气,空气与热媒之间通过金属表面换热的设备,就是"表面式空气加热器"。

图 5-3 是用于集中加热空气的一种表面式空气加热器的外形图。不同型号的加热器,按其构造有管式和肋片式,其材料和构造形式多种多样。根据肋、管加工的不同做法,可以制成串片式、螺旋翅片管式、镶片管式、轧片管式等几种不同的空气加热器。

管式换热器构造简单,易于加工,但热、湿交换表面积较小,占用空间大,金属耗量较大,适合于空气处理量不大的场合。肋片式换热器强化了外侧的换热,热、湿交换面积较大,换热效果好,处理空气量增大,在空调系统中应用普遍。

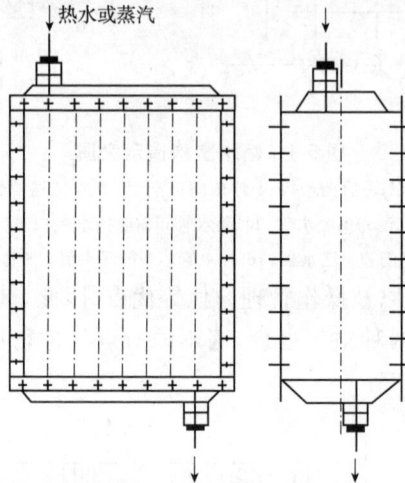

图 5-3　表面空气加热器

（2）电加热器

电加热器在空调工程中常用的有裸露电阻丝（裸露式）和电热元件（管式电加热器）两类。实际工程中,电加热器经常作成抽屉式,如图 5-4 所示。电加热器表面温度均匀,供热量稳定、效率高、体积小、反应灵敏、控制方便。除在局部系统中使用外,还普遍应用在室温允许波动范围较小的空调房间中,主要将送风由蒸汽或热水加热器加热到一定温度后再进行"精加热"。

### 3. 空气加湿设备

空气加湿的方式有两种:一种是在空气处理室或空调机组中进行,称为"集中加湿";另一种是在房间内直接加湿空气,称为"局部补充加湿"。用喷水室加湿空气,是一种常用的集中加湿法。对于全年运行的空调系统,如夏季用喷水室对空气进行减湿冷却处理,而其他季节需要对空气进行加湿处理时,仍使用该喷水室,只需相应地改变喷水温度或喷淋循环水,而不必变更喷水室的结构。喷蒸汽加湿和水蒸发加湿也是常用的集中加湿法。

喷蒸汽加湿是用普通喷管（多孔管）或干式蒸汽加湿器将来自锅炉房的水蒸

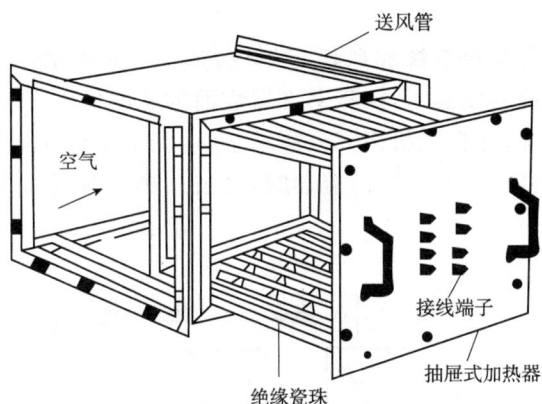

图 5-4　抽屉式电加热器

气喷入空气中去。例如,夏季使用表面式冷却器处理空气的集中式空调系统,冬季就可以采用这种加湿方式。

水蒸发加湿是用电加湿器加热水以产生蒸汽,使其在常压下蒸发到空气中去。如图 5-5 所示。这种方式主要用于空调机组中。

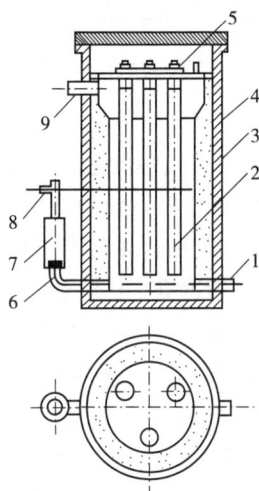

图 5-5　电极式空气加湿器

1-进水管;2-电极;3-保温层;4-外壳;5-接线柱;
6-溢水管;7-橡皮短管;8-溢水嘴;9-蒸汽出口

### 4. 空气除湿设备

对于空气湿度比较大的场合,往往需对空气进行减湿处理,可以用空气除湿设备降低湿度,使空气干燥。空气的减湿方法有多种,如加热通风法、冷却减湿法、液体吸湿剂减湿和固体吸湿剂减湿等。民用建筑中的空气除湿设备,主要是制冷除湿机。

制冷除湿机由制冷系统和风机等组成,如图 5-6 所示。待处理的潮湿空气通过制冷系统的蒸发器时,由于蒸发器表面的温度低于空气的露点温度,于是不仅使空气降温,而且能析出部分凝结水,达到了空气除湿的目的。已经冷却除湿的空气通过制冷系统的冷凝器时,又被加热升温,从而降低了空气的相对湿度。

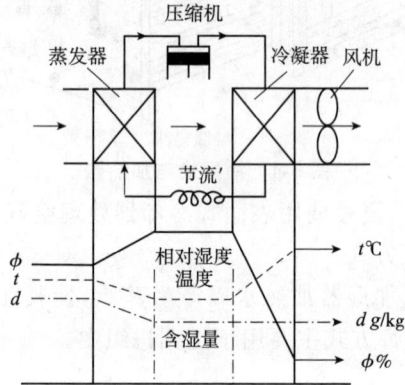

图 5-6　制冷空气除湿机原理图

### 5. 空气净化设备

净化处理的目的主要是除去空气中的悬浮尘埃,另外还包括消毒、除臭以及离子化等。净化处理技术除了应用于一般的工业与民用建筑空调工程中外,多用于满足电子、精密仪器以及生物医学科学等方面的洁净要求。从空气净化标准来看,可以把空气净化分为一般净化、中等净化和超净净化 3 个等级。大多数空调工程属于一般净化,采用粗效过滤器即可满足要求;所谓中等净化是对室内空气含尘量有某种程度的要求,需要在一般净化之后再采用中效过滤器作补充处理;对于室内空气含尘浓度有严格要求的精工生产工艺或是要求无菌操作的特殊场所,应该采用超净净化。

(1)浸油金属网格过滤器(图 5-7)

由不同孔径网眼的多层波浪形金属网格叠配而成,在使用前浸上黏性油,杂气通过时,灰尘被油膜表面粘住而被阻留,从而达到除尘过滤的目的。图 5-8 示意了此种过滤器的安装方式。

(2)高效过滤器

高效过滤器用于有超净要求的空调系统的终级过滤,应在初级、中级过滤器的保护下使用。它

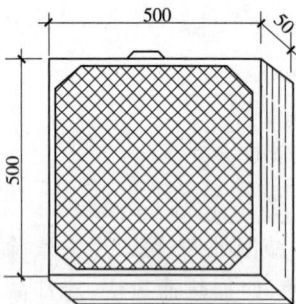

图 5-7　浸油金属网格过滤器

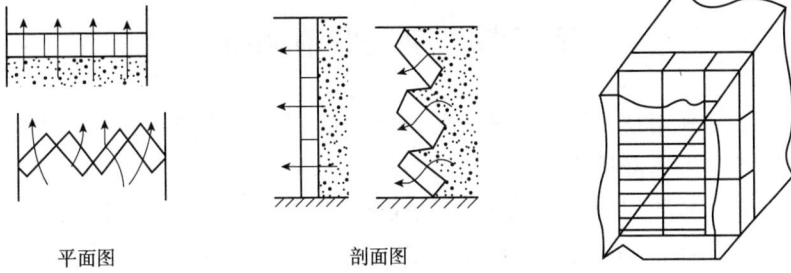

平面图　　　　　　　剖面图

**图 5-8　浸油金属网格空气过滤器的安装方式**

的滤料用超细玻璃纤维和超细石棉纤维制成。高效过滤器的外形以及构造如图
5-9 及图 5-10 所示。

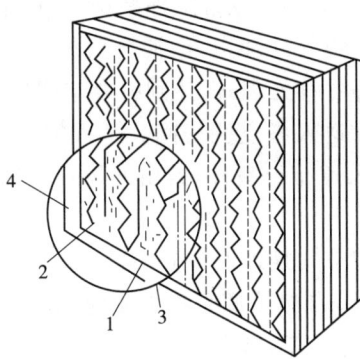

**图 5-9　高效过滤器外形**

1-滤纸；2-隔片；3-密封胶；4-木制外框

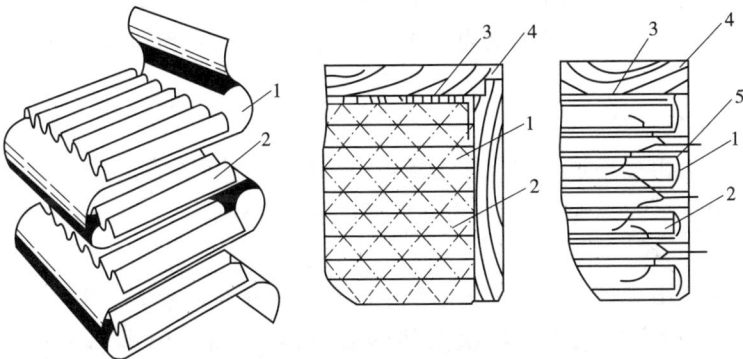

**图 5-10　高效过滤器构造原理图**

1-滤纸；2-隔片；3-密封胶；4-木制外框；5-滤纸护条

# 第二节　空气调节系统

空调就是采用技术手段把某种特定内部的空气环境控制在一定状态之下，使其能够满足人体舒适或生产工艺的要求。通风与空调的区别在于空调系统往往将室内空气循环使用，把新风与回风混合后进行热湿处理，然后再送入被调房间；通风系统不循环使用回风，而是对送入室内的室外新鲜空气不作处理或仅作简单处理，并根据需要对排风进行除尘、净化处理后排出或是直接排出室外。

## 一、空调系统的组成

空调系统由空气处理设备、空气输送管道、空气分配装置、电气控制部分及冷、热源等部分组成。如图 5-11 所示，室外新鲜空气（新风）和来自空调房间的部分循环空气（回风）进入空气处理室，经混合后进行过滤除尘、冷却和减湿（夏季）或加热、加湿（冬季）等各种处理，以达到符合空调房间要求的送风状态，再由风机、风道、空气分配装置送入各空调房间。送入室内的空气经过吸热、吸湿或散热、散湿后再经风机、风道排至室外，或由回风道和风机吸收一部分回风循环使用，以节约能量。

空调的冷热源通常与空气处理设备分别各自单独设置。空调系统的热源有自然热源和人工热源两种，自然热源是指太阳能、地热，人工热源是指以油、煤、燃气作燃料的锅炉产生的蒸汽和热水。

## 二、空调系统的分类

1. 按处理空调负荷的介质（无论何种空调系统，都需要一种或几种流体作为介质带走作为空调负荷下室内余热、余湿或有害物，从而达到控制室内环境的目的）分

（1）全空气系统

是指完全由处理过的空气作为承载空调负荷的介质的系统。这种系统要求风道断面较大或是风速较高，会占据较多的建筑空间。

（2）全水系统

是指完全由处理过的水作为承载空调负荷的介质的系统。这种系统管道所占建筑空间较小，但是无法解决房间的通风换气，所以通常不单独使用这种方法。

（3）空气—水系统

是指由处理过的空气承担部分空调负荷，再由水承担其余部分负荷的系统。

例如风机盘管加新风系统。这种系统既可以减少对建筑空间的占用,同时又可保证房间内的新风换气要求。

(4)直接蒸发机组系统

是指由制冷剂直接作为承载空调负荷的介质的系统。例如分散安装的空调器内部带有制冷机,制冷剂通过直接蒸发器与室内空气进行热湿交换,达到冷却去湿的目的,属于制冷剂系统。由于制冷剂不宜长距离输送,因此不宜作为集中式空调系统使用。

**2. 根据空调系统空气处理设备的设置位置分类**

(1)集中式空调系统

将各种空气处理设备(冷却或加热器、加湿器、过滤器等)以及风机都集中设置在一个专用的空调机房里,以便集中管理。空气经集中处理后,再用风管分送给各处空调房间,如图5-11所示。

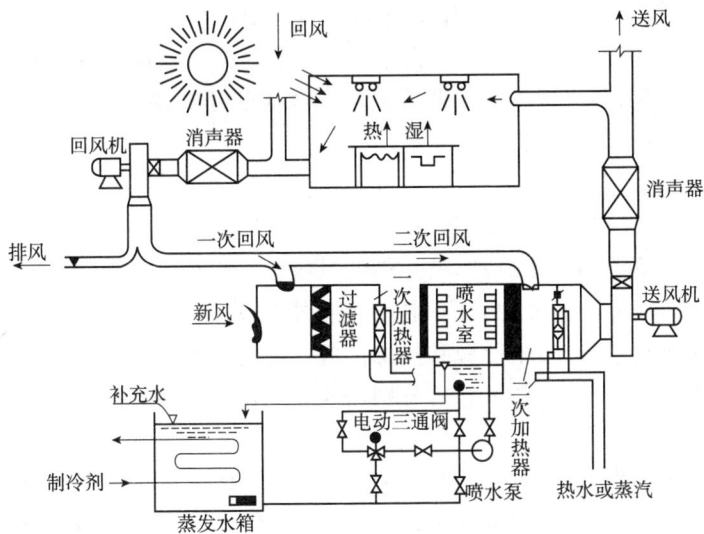

图 5-11 集中式空调系统

这种系统设备集中布置,集中调节和控制,使用寿命长,并可以严格地控制室内空气的温度和相对湿度,因此,适用于房间面积大或多层、多室,热、湿负荷变化情况类似,新风量变化大;以及空调房间温度、湿度、洁净度、噪声、振动等要求严格的建筑物空调。例如用于商场、礼堂、舞厅等舒适性空调和恒温恒湿、净化等空调。集中式空调系统的主要缺点是系统送回风管复杂、截面大,占据的吊顶空间大。

(2)局部式空调系统

局部式空调系统又称为空调机组,图5-12为局部空调系统示意图。局部空调系统优点主要是安装方便、灵活性大，并且各房间之间没有风道相通，有利于防火。但是机械故障率高，日常维护工作量大，噪声大。

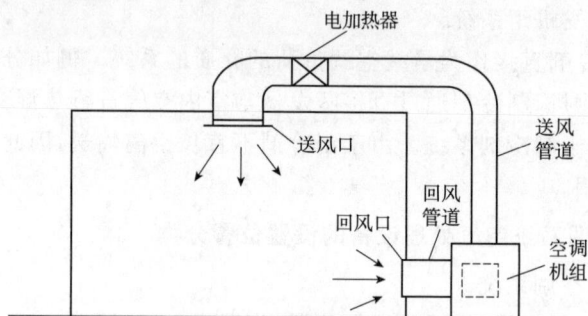

图 5-12  局部空调系统

（3）半集中式空调系统

又称"半分散式系统"。它除了有集中的空调机房外，尚有分散在各空调房间内的二次处理设备（又称"末端设备"）。其中也包括集中处理新风，经诱导器送入室内的系统，称为诱导式空调系统。还包括设置冷、热交换器（亦称"二次盘管"）的系统，称为风机盘管空调系统。

所谓风机盘管就是由风机、电机、盘管、空气过滤器、室温调节装置和箱体组成的机组，它可以布置于窗下、挂在顶棚下或是暗装于顶棚内，如图 5-13 所示。半集中式空调系统的工作原理，就是借助风机盘管机组不断地循环室内空气，使之通过盘管而被冷却或加热，以保持房间要求的温度和一定的相对湿度。盘管使用的冷水或热水，由集中冷源和热源供应。与此同时，由新风空调机房集中处理后的新风，通过专门的新风管道分别送入各空调房间，以满足空调房间的卫生要求。

这种系统与集中式系统相比，没有大风道，只有水管和较小的新风管，具有布置和安装方便、占用建筑空间小、单独调节等优点，广泛用于温、湿度精度要求不高，房间数多，房间较小，需要单独控制的舒适性空调中，如办公楼、宾馆、商住楼等。

### 三、空调系统的选择

根据建筑物的用途、规模、使用特点、室外气候条件、负荷变化情况和参数要求等因素，通过技术经济比较来选择空调系统。

（1）建筑物内负荷特性相差较大的内区与周边区，以及同一时间内须分别进行加热和冷却的房间，宜分区设置空气调节系统。

（2）空气调节房间较多，且各房间要求单独调节的建筑物，条件许可时，宜采

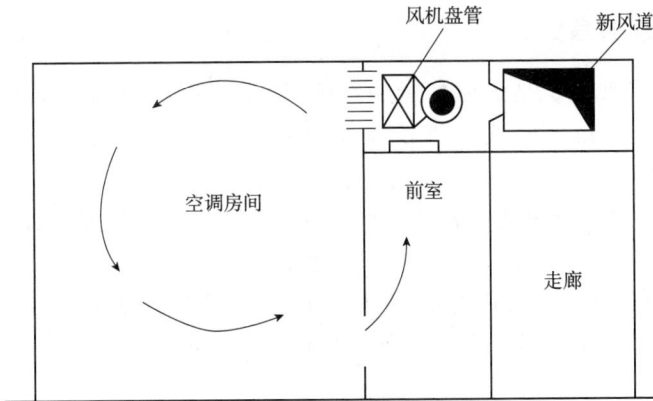

图 5-13　风机盘管空调系统

用风机盘管加新风系统。

（3）空气调节房间总面积不大或建筑物中仅个别或少数房间有空气调节要求时，宜采用集中式房间空调组。

（4）空气调节单个房间面积较大，或虽然单个房间面积不大，但各房间的使用时间、参数要求、负荷条件相近，或空调房间温湿度要求较高、条件许可时，宜采用全空气集中式系统。

（5）要求全年空气调节的房间，当技术经济指标比较合理时，宜采用热泵式空气调节机组。

在满足工艺要求的条件下，应尽量减少空调房间的空调面积和散热、散湿设备。当采用局部空气调节或局部区域性空气调节能满足使用要求时，不应采用全室性空调。

# 第三节　空调水系统

空调水系统是以水为介质，在同一建筑物内或建筑物之间传递冷量（冷冻水或冷却水）或热量（热水）的系统。正确合理地设计空调水系统是保证整个空调系统正常、节能运行的重要条件。

空调水系统的类型有多种，按使用水的特点来分有冷冻水和冷却水系统，按水的循环方式来分有开式、闭式两种，按管路布置形式来分有同程式、异程式两种，按供、回水管道数目来分有两管制、三管制、四管制 3 种，按空调水系统中水泵设置形式有单泵式、复泵式两种，按空调水系统是否分区供水来分则有不分区式和分区式两种。

### 一、冷冻水系统

空调冷冻水系统是供应冷量的系统,通常由制冷机组的蒸发器、冷冻水泵、供回水管道和表面式空气冷却器或喷水室以及分、集水器、除污器等组成。

从主机蒸发器流出的低温冷冻水由冷冻泵加压送入冷冻水管道(出水),用管道送入空调末端设备的表冷器或风机盘管或诱导器等设备内,与被处理的空气进行热湿交换后,再回到冷源,室内风机用于将空气吹过冷冻水管道,降低空气温度,加速室内热交换,图 5-14 为冷冻水系统工作原理。

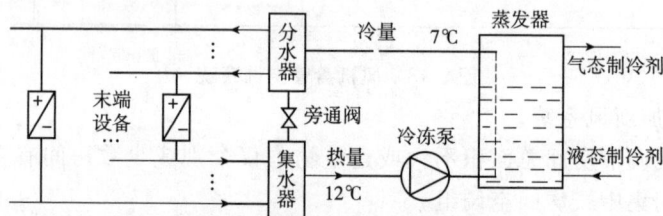

图 5-14 冷冻水系统工作原理

1. **冷冻水系统在制冷系统中向用户供冷的方式有两种,即直接供冷和间接供冷。**

(1)直接供冷是把制冷系统的蒸发器直接置于被冷却空间,以对空间的空气或物体进行冷却,使低压低温液态制冷剂直接吸收被冷却物体的热量。采用这种供冷方式的优点是可以减少一些中间设备,故投资少,机房占地面积少,而且制冷系数高。其适用于中小型系统或低温系统。

(2)间接供冷是首先利用蒸发器冷却某种载冷剂,然后再将此载冷剂输送到各个用户,使被冷却对象温度降低。这种供冷方式使用灵活,控制方便,特别适用于区域性供冷。

在空调制冷系统中,除采用直接供冷装置外,常以水作为载冷剂传递和输送冷量,称为冷冻水。冷冻水在蒸发器内被冷却降温后通过泵和管路输送到空调用户使用,使用后的冷冻水温度升高后,又经泵和管道返回蒸发器中,如此循环构成冷冻水系统。

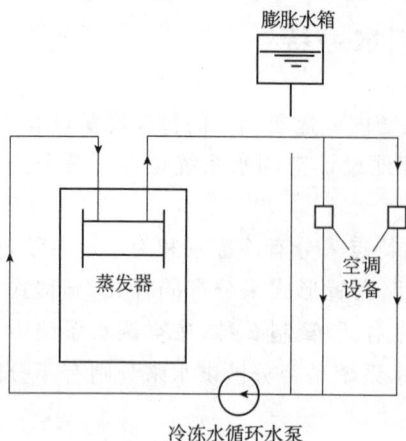

图 5-15 闭式冷冻水系统

2. **冷冻水管路系统为循环水系统,**

根据用户需要情况不同,可分为闭式冷冻水系统和开式冷冻水系统,如图 5-15 和图 5-16 所示。

(1)闭式冷冻水系统管路系统不与大气相接触,仅在系统最高点设置膨胀水箱。管道与设备的腐蚀机会少,不需要克服静水压力,因此,水泵的功率耗低,系统简单。但与蓄冷(热)水池连接较复杂。

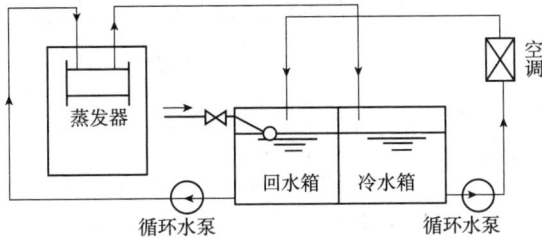

图 5-16 开式冷冻水系统

(2)开式冷冻水系统管路系统与大气相通,与蓄冷(热)水池连接较简单,系统运行稳定性好。但由于冷冻水与大气接触,所以水中含氧量高,管路与设备的腐蚀机会多,水泵需要高扬程以克服静水压力,耗电多,输送能耗大。

**3. 根据各台蒸发器之间连接方式的不同,冷冻水系统又可分为并联式冷冻水系统和串联式冷冻水系统。**

(1)并联式冷冻水系统

并联式冷冻水系统中,全部蒸发器共用几台循环水泵,故水泵的备用条件好。该种系统适用于质调节(改变冷冻水供水温度以适应用户的负荷变化),即定流量系统,如图 5-17(a)所示。并联式冷冻水系统中,每台蒸发器有独立的循环水泵,适用于变流量调节,当负荷减少时,可以关闭部分循环水泵以减少循环水泵的总耗电量,但并不减少通过正在工作的蒸发器的水流量,因而不致引起蒸发器传热效果的降低,如图 5-17(b)所示。

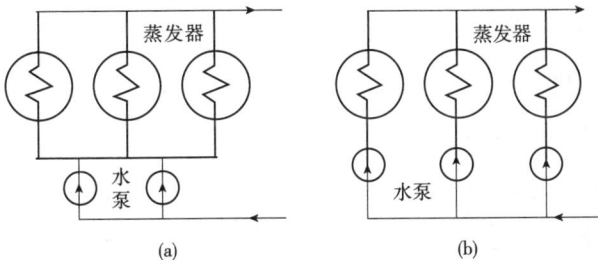

图 5-17 并联式冷冻水系统

(a)定流量调节系统;(b)变流量调节系统

(2)串联式冷冻水系统

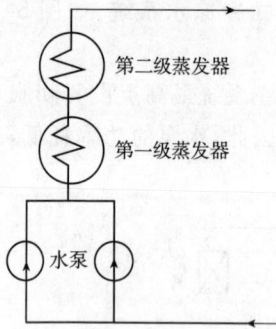

图 5-18　串联式冷冻水系统

串联式冷冻水系统中,蒸发器分第一级和第二级进行串联布置,如图 5-18 所示。这样,一方面可以增加蒸发器的水流量,提高蒸发器的传热效果;另一方面,由于第一级蒸发器的冷冻水温度较高,其蒸发温度可稍有提高,从而可以改善整个制冷系统运行的经济性。串联式冷冻水系统适用于定流量质调节,以及冷冻水供、回水温差较大的系统。

## 二、冷却水系统

空调冷却水系统供应空调制冷机组冷凝器、压缩机的冷却用水。在正常工作时,用后仅水温升高,水质不受污染。按水的重复利用情况,可分为直流供水系统和循环供水系统。

直流供水系统简单,冷却水经过冷凝器等用水设备后,直接就地排放,耗水量大。循环供水系统一般由冷却塔、冷却水泵、补水系统和循环管道组成。如图 5-19 所示为冷却水系统图。

冷却水系统可分为直流式、混合式和循环式三种。

### 1. 直流式冷却水系统

最简单的冷却水系统是直流式冷却水系统,即升温后的冷却回水直接排走,不重复使用,如图 5-20 所示。根据当地水质情况,冷却水可为地面水(河水或湖水)、地下水(井水)或城市自来水。由于城市自来水价格较高,只有小型制冷系统采用。这种冷却水系统不需要其他冷却水构筑物,因此投资少、操作简便,但是冷却水的操作费用大,而且不符合当前节约使用水资源的要求。

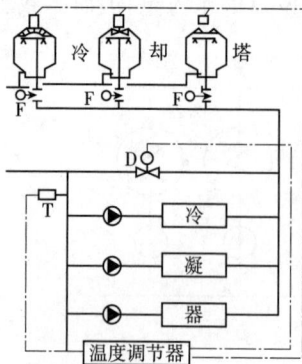

图 5-19　空调冷却水系统

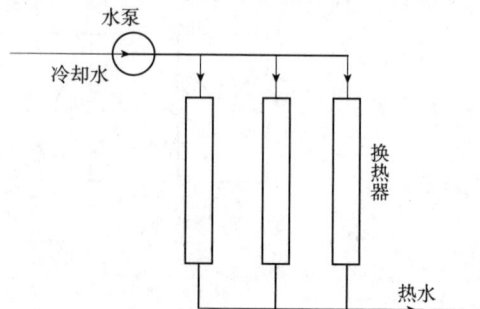

图 5-20　直流式冷却水系统

### 2. 混合式冷却水系统

混合式冷却水系统是将一部分已用过的冷却水与深井水混合，然后再用水泵压送至各台冷凝器使用，如图 5-21 所示。这样，既不减少通入冷凝器的水量，又提高了冷却水的温升，从而可大量节省深井水量。为了节约深井水用量，减少打井的初期投资，而又不降低冷凝器的传热效果，常采用混合式冷却水系统。

### 3. 循环式冷却水系统

降低制冷系统的水消耗量非常重要，因此除采用蒸发式冷凝器或风冷式冷凝器以外，也可以采用循环式冷却水系统。此种系统就是将来自冷凝器的冷却回水先通入蒸发式冷却装置，使之冷却降温，然后再用水泵送回冷凝器循环使用，这样，只需少量补水即可。

制冷系统中常用的蒸发式冷却装置有两种类型，一种是自然通风冷却循环系统（图 5-22），另一种是机械通风冷却循环系统（图 5-23）。如果蒸发式冷却装置中，冷却水与空气充分接触，水通过该装置后，其温度可降到比空气的湿球温度高 3～5℃。

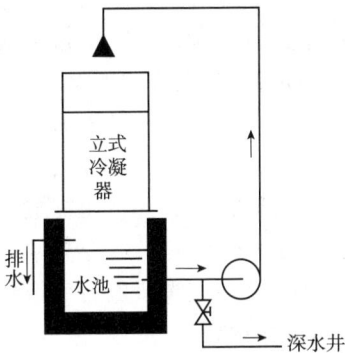

图 5-21　混合式冷却水系统

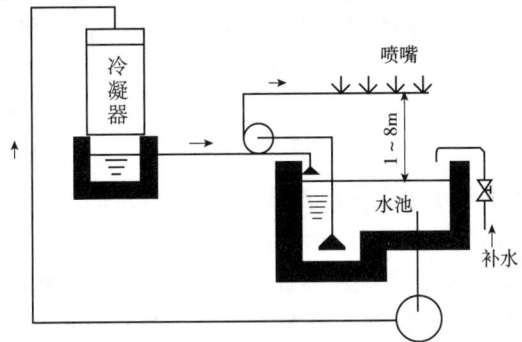

图 5-22　自然通风式喷水冷却池

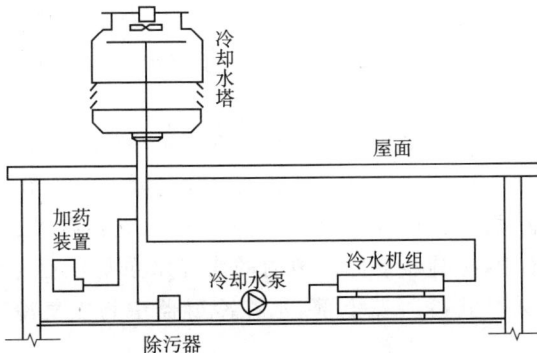

图 5-23　机械通风冷却循环系统

# 第四节　空调系统的冷热源

## 一、制冷系统

常见的空调用制冷系统有蒸汽压缩式制冷系统、溴化锂吸收式制冷系统和蒸汽喷射式制冷系统,其中蒸汽压缩式制冷系统应用最广。

### 1. 蒸气压缩式制冷的基本原理

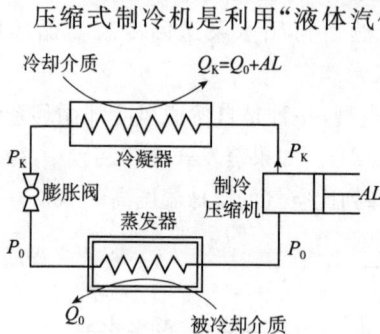

压缩式制冷机是利用"液体汽化时要吸收热量"的物理特征,通过制冷剂的热力循环,以消耗一定量的机械能作为补偿条件来达到制冷的目的。由制冷压缩机、冷凝器、膨胀阀和蒸发器等 4 个主要部件所组成,并用管道连接,构成一个封闭的循环系统,如图 5-24 所示。制冷剂在上述四个热力设备中进行压缩、放热、节流和吸热四个主要热力过程,以完成制冷循环。

图 5-24　压缩式制冷循环原理

在蒸发器中,低压低温的制冷剂液体吸收被冷却介质(如冷水)的热量,蒸发成为低压低温的制冷剂蒸汽;低压低温的制冷剂蒸汽被压缩机吸入,并被压缩成高温高压的蒸汽后进入冷凝器;在冷凝器中,高温高压的制冷剂蒸汽被冷却水冷却,冷凝成高压液体放出热量;冷凝器排出的高压液体,经膨胀阀节流后变成低温低压液体,进入蒸发器再进行蒸发制冷,如此循环,进而达到制冷目的。

### 2. 蒸气压缩式制冷系统

蒸汽压缩式制冷系统按照制冷剂分为氨制冷系统和氟利昂制冷系统。

(1)蒸汽压缩式氨制冷系统(图 5-25)。蒸汽压缩式氨制冷系统包括氨制冷剂系统、冷却水系统、冷冻水系统、排油系统、排除不凝性气体系统和紧急泄氨系统等。

在氨制冷剂系统中,高温高压的氨气从压缩机释放出来,经油水分离器进入冷凝器被冷凝成液体,氨液从冷凝器经储液器和过滤器进入节流装置节流降压,低压湿蒸汽进入蒸发器后吸收冷冻水的热量而变为气体返回压缩机。

在冷却水系统中,冷凝器下部水池内的水经水泵加压后送入两台冷却塔降温,降温后的水送入卧式冷凝器上部,水在冷凝器中将氨气冷凝为氨液后流入水池。

在排除不凝性气体系统中,冷凝器内的不凝性气体(主要是空气)送至不凝性气体分离器(亦称空气分离器),利用从冷凝器来的氨液经膨胀阀节流后在空气分离器的盘管内气化吸热来促使混合气体中的氨气冷凝为氨液,从而达到分离空气的目的。氨液汽化后氨气返回压缩机。在排油系统中,储液器内的油送入储油器进行集中放油,以保证安全。紧急泄氨系统中,在危急情况时,将储液器和蒸发器中的氨液迅速排入紧急泄氨器中,用自来水混合稀释后排入下水道,以保证机房安全。

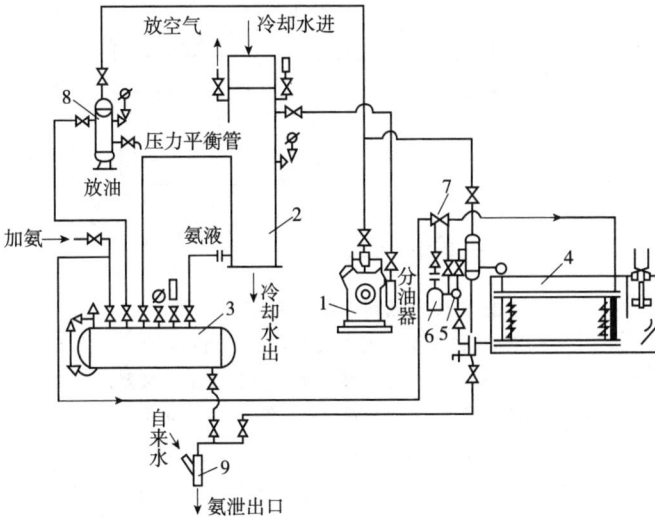

**图 5-25　氨制冷系统流程图**

1-氨压缩机;2-立式冷凝器;3-氨贮液器;4-螺旋管式蒸发器;
5-氨浮球调节阀;6-滤氨器;7-手动调节阀;8-集油器;9-紧急泄氨器

(2)蒸汽压缩式氟利昂制冷系统

氟利昂制冷系统(图 5-26)的工作流程:氟利昂低压蒸气被压缩机吸入并压缩后,成为高温高压气体,经油分离器将油分出后进入冷凝器被冷却水(也有用风冷的)冷凝为液体。氟利昂液体从冷凝器出来,经干燥过滤器,将所含的水分和杂质除掉,再经电磁阀进入气液热交换器中与从蒸发器出来的低温低压气体进行热交换,使氟液过冷,过冷的液体经热力膨胀阀节流降压,将低温低压液体送入蒸发器,在蒸发器内,氟利昂液体吸收空调用冷冻水热量,气化为低温低压气体,此气体经气液热交换器后,又重新被压缩机吸入。如此往复循环,以实现制冷。

### 3. 吸收式制冷系统

收式制冷和压缩式制冷的机理相同,都是利用液态制冷剂在一定压力下和低温状态下吸热汽化而制冷。但在吸收式制冷机组中促使制冷剂循环的方法与

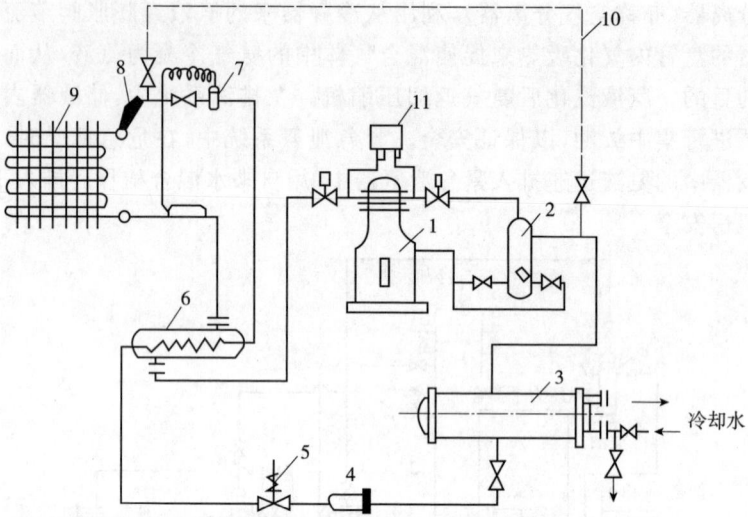

图 5-26  氟利昂制冷系统流程图

1-压缩机;2-油分离器;3-冷凝器;4-干燥过滤器;

5-电磁阀;6-气液热交换器;7-热力膨胀阀;8-分液器;

9-蒸发器;10-热氟冲霜管;11-高低压力继电器

前者有所不同。压缩式制冷是以消耗机械能(即电能)作为补偿;吸收式制冷是以消耗热能作为补偿,它是利用二元溶液在不同压力和温度下能够释放和吸收制冷剂的原理来进行循环的。

如图 5-27 所示为吸收式制冷系统工作原理示意图。在该系统中需要有两种工质:

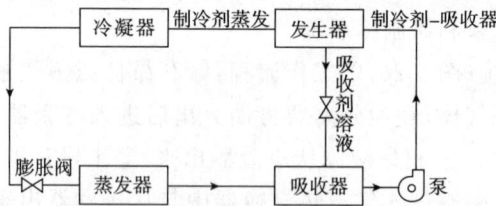

图 5-27  吸收式制冷工作原理图

制冷剂和吸收剂。这对工质之间应具备两个基本条件:①在相同压力下,制冷剂的沸点应低于吸收剂;②在相同温度条件下,吸收剂应能强烈吸收制冷剂。

目前,实际应用的工质对象主要有两种:氨(制冷剂)一水(吸收剂)和水(制冷剂)一溴化锂(吸收剂)。氨吸收式制冷机组,由于其构造复杂、热力系数较低和自身难以克服的物理、化学性质的因素,在空调制冷系统中很少使用,仅适用于合成橡胶、化纤、塑料等有机化学工业中;溴化锂吸收式制冷机组,由于系统简单,热力系数高,且溴化锂无毒无味、性质稳定,在大气中不会变质、分解和挥发,近年来较广泛地应用于我国的高层旅馆、饭店、办公等建筑的空调制冷系统中。

溴化锂吸收式制冷机出厂时是一个组装好的整体,溴化锂溶液管道、制冷剂水及水蒸气管道、抽真空管道以及电气控制设备均已装好,现场施工时只连接机外的蒸气管道、冷却水管道和冷冻水管道即可。

## 二、水源及地源热泵系统

### 1. 水源热泵系统

水源热泵系统见图 10.23。图中,A 为冷冻水进口、B 为冷冻水出口、C 为冷却水进口、D 为冷却水出口。夏季运行时,1、3、5、7 阀门打开,2、4、6、8 阀门关闭。

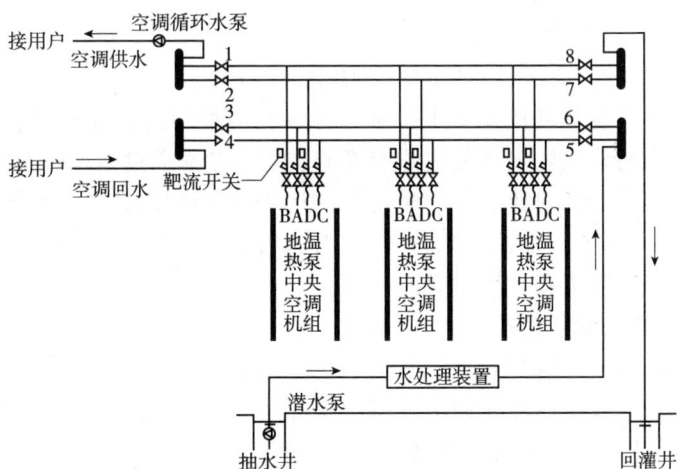

图 5-28　低温热泵空调系统示意图

冬季运行时,2、4、6、8 阀门打开,1、3、5、7 阀门关闭。

(1)一机两用或一机三用。

两用:冬季供热水,夏季供冷水;

三用:供冷、供暖、供生活用水。

(2)节能效果显著。与分体式空调加直接电供暖相比,节电可达 50%～75%。

(3)环保效益显著,供暖区无污染,环保效益好。

(4)合理利用高品位能量,综合能源效率高。

(5)以地下水作低位热源,非常诱人。在北方地区,井水水温大部分地区高于 10℃。

### 2. 地源热泵系统

地源热泵技术是一种利用浅层常温土壤中的能量作为能源的高效节能、无污染、低运行成本的、既可供暖又可制冷并可提供生活热水的新型空调技术。地源热泵系统如图 5-29 所示。

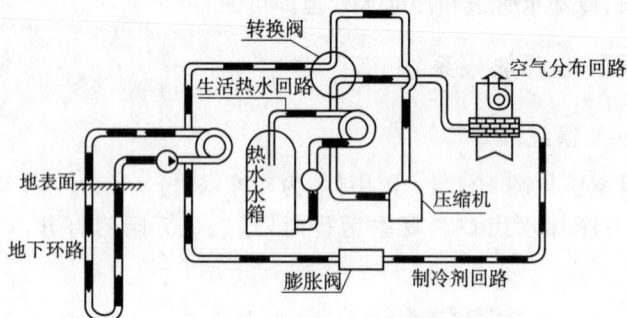

图 5-29　地源热泵系统图

地源热泵系统是利用地下土壤常年温度相对稳定的特性,通过埋入建筑物周围的地耦管与建筑物内部完成热交换的装置。冬季通过地源热泵将大地中的低品位热能提高品味对建筑物供暖,同时把建筑物内的冷量储存至地下,以备夏季制冷使用;夏季通过地源热泵将建筑物内的热量转移到地下对建筑物进行降温,同时储存热量,以备冬季供暖时使用。

(1)地源热泵制冷模式

在制冷状态下,地源热泵机组内的压缩机对冷媒做功,使其进行汽-液转化的循环。通过蒸发器内冷媒的蒸发将由风机盘管循环所携带的热量吸收至冷媒中,在冷媒循环的同时再通过冷凝器内冷媒的冷凝,由水路循环将冷媒所携带的热量吸收,最终由水路循环转移至地表水、地下水或土壤里。在室内热量不断转移至地下的过程中,通过风机盘管,以 13℃ 以下冷风的形式为房间供冷。

(2)地源热泵供暖模式

在供暖状态下,压缩机对冷媒做功,并通过换向阀将冷媒流动方向换向。由地下的水路循环吸收地表水、地下水或土壤里的热量,通过冷凝器内冷媒的蒸发,将水路循环中的热量吸收至冷媒中,在冷媒循环的同时再通过蒸发器内冷媒的冷凝,由风机盘管循环将冷媒所携带的热量吸收。在地下的热量不断转移至室内的过程中,以 35℃ 以上热风的形式向室内供暖。

## 三、冷热源设备布置

(1)制冷机房内设备的布置应保证操作方便,需要检修的设备布置尽量紧凑以节省建筑面积。

（2）大中型冷水机组（离心式、螺杆式、吸收式制冷机）间距为 1.5～2.0m，蒸发器和冷凝器一端应留有检修空间，长度按厂家要求确定。

（3）对分离式制冷系统，其分离设备的布置应符合下列要求：

1）风冷冷水机组，分体机室外机应设在室外，当设在阳台或转换层时，应防止进排气管短路。同时要按厂家要求布置设备，满足出风口到上面楼板的允许高度。

2）风冷冷凝器，蒸发式冷凝器安在室外应尽量缩短与制冷机的距离，当多台布置时，间距一般为 0.8～1.2m。

3）卧式壳管式冷凝器布置时，外壳离墙＞0.5m，端部离墙＞1.2m，另一端留有不小于管子长度的空间，其间距为 d＋0.8～1.0（d 为冷凝器外壳直径）。

4）储液器离墙距离为 0.2～0.3m，端部离墙 0.2～0.5m，间距 d＋0.2～0.3（d 为储液器外径），储液器不得露天放置。

（4）压缩机的主要通道及压缩机突出部分到配电盘的通道宽度＞1.5m，两台压缩机突出部分间距多 1.0m，制冷机与墙壁间距离以及非主要通道多 0.8m。

（5）制冷机房净高：对活塞式、小型螺杆式制冷机高度一般为 3～4.5m，对于离心式制冷机中、大型螺杆式制冷机，高度一般为 4.5～5.0m（有起吊设备时还应考虑起吊设备工作高度）；对吸收式制冷机，设备最高点到梁下距离不小于 1.5m，设备间净高不应小于 3m。

（6）大型制冷机房应设值班室、卫生间、修理间，同时要考虑设备安装口。

（7）寒冷地区的制冷机房室内温度不应低于 15℃，设备停运期间不得低于 5℃。

（8）制冷机房应有通风措施，其通风系统不得与其他通风系统联合，必须独立设置。

# 第五节　空调工程施工图识读

空调系统施工图是空气调节工程施工的依据和必须遵守的文件，施工图可以使施工人员清楚地明白设计者的设针意图，施工图必须由正式的设计单位绘制并签发。施工过程中必须按照图纸要求进行施工，未经设计单位同意，不能对图纸的内容进行擅自修改。

## 一、设计依据、技术要求和安装说明

（1）建筑物概况介绍建筑物的面积、高度及使用功能，通风与空气调节设计规范对空调工程的要求。

（2）设计标准

1）室外气象参数，夏季和冬季的温度、湿度、风速。

2）室内设计标准，各空调房间（如客房、办公室、餐厅、商场等）夏季和冬季的设计温度、湿度、新风量和噪声标准等。

（3）空调系统对建筑物内各空调房间所采用的空调设备作简要的说明。

（4）空调系统设备安装要求主要是对空调系统的末端装置，如风机盘管、柜式空调器及通风机等提出详细的安装要求。

（5）空调系统中辅助设备技术要求对风管使用的材料、保温和安装的要求。

（6）空调水系统包括有空调水系统的形式，所采用的管材及保温措施，系统的试压要求和排污方式与途径。

（7）机械送、排风建筑物内各空调房间，设备层，车库，消防前室，走廊的送，排风设计要求和标准。

（8）空调冷冻机房列出所采用的冷冻机、冷冻水泵和冷却水泵的型号、规格、性能和台数，并提出主要的安装要求。

## 二、图纸内容

### 1. 平面图

通风、空调平面图是施工的主要依据。在通风、空调工程中，平面图上要表明系统主要设备和风管、部件及其他附属设备在建筑物内的平面位置，一般包括以下内容：

（1）用双线绘出风管、送（回）风口、风量调节阀、测孔等部件和附属设备的位置；用单线绘出空调水系统管道及设备的位置。

（2）注明系统编号，通用图、标准图索引号等。

（3）注明通风、空调系统各设备的外形轮廓尺寸、定位尺寸和设备基础主要尺寸；注明各设备、部件的名称、规格和型号等。

（4）注明风管及风口尺寸、标高；空调水系统管道的管径大小、标高、坡度和坡向；标注消声器、调节阀等各部件的位置及风管、风口的气流方向等。

### 2. 剖面图

在通风、空调施工图中，当其他图纸不能表达出一些复杂管道的相对关系及竖向位置时，应绘制剖面图或局部剖面图来表示清楚风管、附件或附属设备的立面位置以及安装的标高尺寸。施工当中应与平面图、系统图等其他图纸相互对照进行识读。

### 3. 系统轴测图

系统轴测图又称为透视图，是通风空调施工图的重要组成部分，也是区别于建筑、结构施工图的一个主要特点。

通风、空调系统管路纵横交错,在平面图和剖面图上难以清楚表达管线的空间走向,采用轴侧投影绘制出管路系统的立体图(为使图样简洁,系统图中的风管宜用单线绘制),可以完整而形象地表达出通风、空调系统在空间的前后、左右、上下的走向。

在系统图中,对系统的主要设备、部件应注出编号,对各设备、部件、管道及配件应表示出其完整内容。系统轴侧图上还应注明风管、部件和附属设备的标高,各段风管的断面尺寸,以及送、回(排)风口的形式和风量值等。

### 4. 系统原理图

系统原理图是综合性的示意图,它将通风空调系统中的空气处理设备、通风管路、冷热源管路、自动调节及检测系统联结成一个有机整体,它能完整而形象地表达系统的工作原理以及各环节之间的有机联系。

了解了系统的工作原理后,就可以在施工过程中协调各环节的进度;尤其是在系统试运转、试验调整阶段,可根据系统的特点以及工作原理,安排好各环节试运转和调试的程序。

### 5. 详图

包括部件的加工制作和安装的节点图、大样图以及标准图;如果采用国家标准图、省(市)或设计部门标准图以及参照其他工程的标准图时,在图纸目录中应附有说明,以便查阅。

在通风、空调系统施工图中,详图是表示风管、部件以及附属设备制作和安装的具体形式和方法,作为确定施工工艺的主要依据。对于通用性的工程设计详图,通常使用国家标准图。对于特殊性工程设计,则由设计部门设计施工详图,用以指导施工安装。

## 三、空调施工图的识读方法

在阅读空调系统施工图时,首先要看懂设计安装说明,从而对整个工程有一个整体的了解,并建立一个全面的概念。

接着阅读冷冻水和冷却水流程图,送、排风示意图。流程图和示意图反映了空调系统中两种工质的工艺流程,掌握了其工艺流程后,再阅读各楼层空调房间的平面图就不会有很大的困难了。特殊复杂部分可平、立、剖面图相对照来识读,至于大样图则是对平面图上无法表达清楚的部分作补充而已。

图 5-30 为送、排风系统示意图,图 5-31 为某大厦空调系统标准层平面图,图 5-32 为溴化锂空调供冷与供热用水系统流程图。

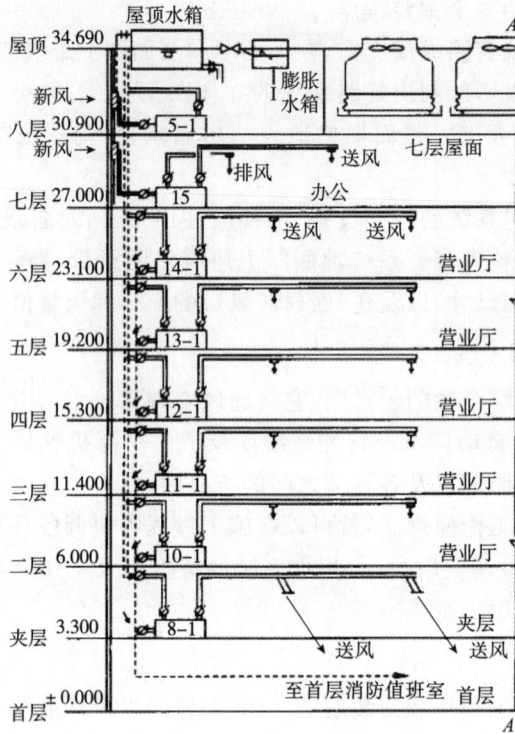

图 5-30 送、排风系统示意图

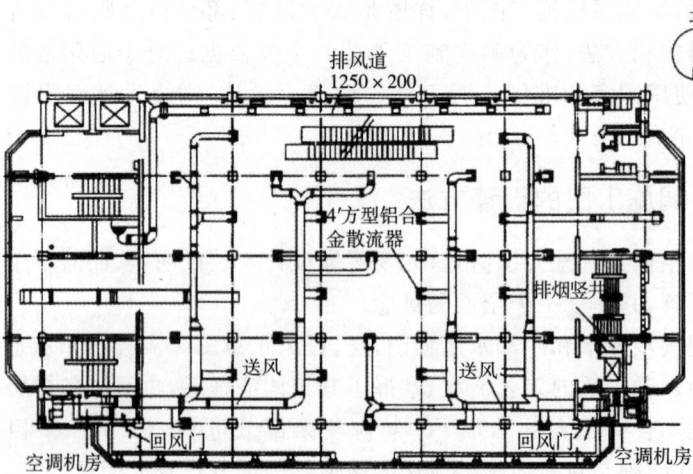

图 5-31 某大厦空调系统标准层平面图

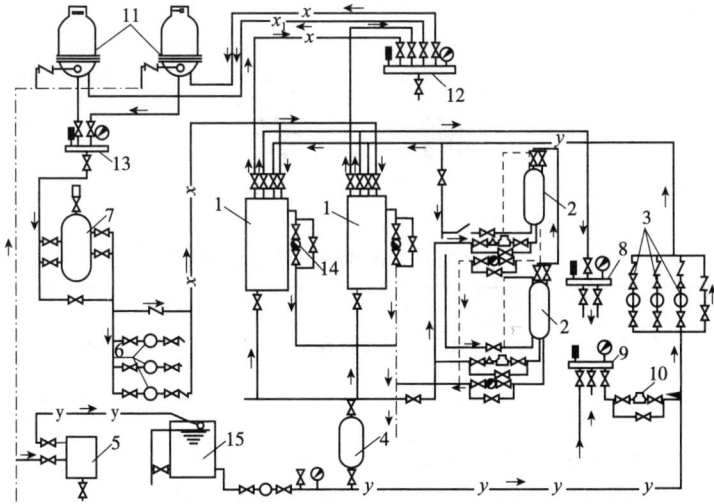

**图 5-32　溴化锂空调供冷与供热用水系统流程图**

1-溴化锂制冷机组；2-水平浮动盘管换热器；3-冷媒水泵；4-落地膨胀水箱；

5-组合式软化水处理设备；6-冷却水泵；7-循环水处理器；8-冷媒水分离器；

9-冷媒水集水器；10-除污器；11-凉水塔；12-冷却水分水器；

13-冷却水集水器；14-疏水器；15-软化水池

# 附　表

### 附表 1　住宅最高日生活用水定额及小时变化系数

| 住宅类别 | | 卫生器具设置标准 | 最高日生活用水定额<br>[L/(人·d)] | 小时变化系数 $K_b$ |
|---|---|---|---|---|
| 普通住宅 | Ⅰ | 有大便器、洗涤盆 | 85～150 | 3.0～2.5 |
| | Ⅱ | 有大便器、洗脸盆、洗涤盆、洗衣机、热水器和淋浴设备 | 130～300 | 2.8～2.3 |
| | Ⅲ | 有大便器、洗脸盆、洗涤盆、洗衣机、集中热水供应（或家用热水机组）和淋浴设备 | 180～320 | 2.5～2.0 |
| 别墅 | | 在大便器、洗脸盆、洗涤盆、洗衣机、或家用热水机组和淋浴设备 | 200～350 | 2.3～1.8 |

注：①当地主管部门对住宅生活用水定额有具体规定时，应按当地规定执行；
　　②别墅用水定额中含庭院绿化用水和汽车洗车用水。

### 附表 2　集体宿舍、旅馆和公共建筑生活用水定额及小时变化系数

| 序号 | 建筑物名称 | 单位 | 最高日生活用水定额/L | 使用时间/b | 小时变化系数 |
|---|---|---|---|---|---|
| 1 | 单身职工宿舍、学生宿舍、招待所、培训中心、普通旅馆 | | | 24 | 3.0～2.5 |
| | 设公用盥洗室 | 每人每日 | 500～100 | | |
| | 设公用盥洗室、淋浴室 | 每人每日 | 80～130 | | |
| | 设公用盥洗室、淋浴室、洗衣室 | 每人每日 | 100～150 | | |
| | 设单独卫生间、公用洗衣室 | 每人每日 | 120～200 | | |
| 2 | 宾馆客房 | | | 24 | 2.5～2.0 |
| | 旅客 | 每床位每日 | 300～500 | | |
| | 员工 | 每人 | 80～100 | | |
| 3 | 医院住院部 | | | | |
| | 设公用盥洗室 | 每床位每日 | 100～200 | 24 | 2.5～2.0 |
| | 设公用盥洗室、淋浴室 | 每床位每日 | 150～250 | 24 | 2.5～2.0 |
| | 设单独卫生间 | 每床位每日 | 250～400 | 24 | 2.5～2.0 |
| | 门诊部、诊疗所 | 每病人每次 | 15～25 | 12 | 2.5～1.5 |
| | 疗养院、休养所住房部 | 每床位每日 | 200～300 | 24 | 2.0～1.5 |

（续）

| 序号 | 建筑物名称 | 单位 | 最高日生活用水定额/L | 使用时间/b | 小时变化系数 |
|---|---|---|---|---|---|
| 4 | 养老院 | 每床位每日 | 100～150 | 24 | 2.5～2.0 |
| 5 | 幼儿园、托儿所 | | | | |
| | 有住宿 | 每儿童每日 | 50～100 | 24 | 3.0～2.5 |
| | 无住宿 | 每床位每日 | 30～50 | 10 | 2.0 |
| 6 | 公共浴室 | | | | |
| | 淋浴 | 每顾客每次 | 100 | 12 | |
| | 浴盆、淋浴 | 每顾客每次 | 120～150 | 12 | 2.0～1.5 |
| | 桑拿浴（淋浴、按摩池） | 每顾客每次 | 150～200 | 12 | |
| 7 | 理发室、美容院 | 每顾客每次 | 20～30 | 12 | 2.0～1.5 |
| 8 | 洗衣房 | 每 kg 干衣 | 40～80 | 8 | 1.5～1.2 |
| 9 | 餐饮业 | | | | |
| | 营业餐厅 | 每顾客每次 | 30～40 | 10～12 | 2.0～1.5 |
| | 快餐店、职工及学生食堂 | 每顾客每次 | 15～20 | 16～12 | 2.0～1.5 |
| | 酒吧、咖啡厅、茶座、卡拉 OK 房 | 每顾客每次 | 5～15 | 18 | 1.5 |
| 10 | 商场 员工及顾客 | 每 m² 营业面积每日 | 15～20 | 12 | 2.0～1.5 |
| 11 | 办公楼 | 每人每班 | 40～60 | 8 | 2.0～1.5 |
| 12 | 教学、实验楼 | | | | |
| | 中小学校 | 每学生每日 | 30～50 | 10 | 2.5～2.0 |
| | 高等院校 | 每顾客每次 | 50～80 | 10 | 2.5～2.0 |
| 13 | 电影院、剧院 | 每观众每场 | 5～10 | 3 | 2.5～2.0 |
| 14 | 健身中心 | 每人每次 | 20～30 | 12 | 2.0～1.5 |
| 15 | 体育场（馆） | | | | |
| | 运动员淋浴 | 每人每次 | 30～40 | 4 | 3.0～2.0 |
| | 观众 | 每人每场 | 3 | | 1.5 |
| 16 | 会议厅 | 每座位每次 | 10～15 | 4 | 2.0～1.5 |
| 17 | 菜市场地面冲洗及保鲜用水 | 每 m² 每日 | 8～10 | 10 | 4.0 |
| 18 | 停车库地面冲洗水 | 每 m² 每日 | 2～3 | | |

注：①宾馆综合用水定额可取每床位每日 800～1000L；

②除养老院、托儿所、幼儿园的用水定额中含食堂用水，其他均不含食堂用水；

③除注明外，均不含员工生活用水，员工用水定额为每人每班 40～60L；

④医疗建筑用水中已含医疗用水，但不含医生、护士的生活用水；

⑤空调用水应另计。

附表3　卫生器具的给水额定流量、当量、支管管径和流出水头

| 序号 | 给水配件名称 | 额定流量/(L/s) | 当量 | 连续管径/mm | 最低工作压力/MPa |
|---|---|---|---|---|---|
| 1 | 洗涤盆、拖布盆、盥洗槽 | | | | |
| | 单阀水嘴 | 0.15～0.20 | 0.75～1.00 | 15 | 0.050 |
| | 单阀水嘴 | 0.30～0.40 | 1.5～2.00 | 20 | 0.050 |
| | 混合水嘴 | 0.15～0.20(0.14) | 0.75～1.00(0.70) | 15 | 0.050 |
| 2 | 洗脸盆 | | | | |
| | 单阀水嘴 | 0.15 | 0.75 | 15 | 0.050 |
| | 混合水嘴 | 0.15(0.10) | 0.75(0.50) | 15 | 0.050 |
| 3 | 洗手盆 | | | | |
| | 感应水嘴 | 0.1 | 0.75 | 15 | 0.050 |
| | 混合水嘴 | 0.15(0.10) | 0.75(0.50) | 16 | 0.050 |
| 4 | 浴盆 | | | | |
| | 单阀水嘴 | 0.20 | 1.0 | 15 | 0.050 |
| | 混合水嘴(含带淋浴转换器) | 0.24(0.20) | 1.2(1.0) | 15 | 0.050～0.070 |
| 5 | 淋浴器 | | | | |
| | 混合阀 | 0.15(0.10) | 0.75(0.05) | 15 | 0.050～0.100 |
| 6 | 大便器 | | | | 0.020 |
| | 冲洗水箱浮球阀 | 0.10 | 0.50 | 15 | |
| | 延时自闭式冲洗阀 | 1.20 | 6.00 | 25 | 0.100～0.150 |
| 7 | 小便器 | | | | |
| | 手动或自动自闭式冲洗阀 | 0.10 | 0.50 | 15 | 0.050 |
| | 自动冲洗水箱进水阀 | 0.10 | 0.50 | 15 | 0.020 |
| 8 | 小便槽穿孔冲洗管(每m长) | 0.05 | 0.25 | 15～20 | 0.015 |
| 9 | 净身盆冲洗龙头 | 0.10(0.07) | 0.50(0.35) | 15 | 0.050 |
| 10 | 医院倒便器 | 0.20 | 1.00 | 15 | 0.050 |
| 11 | 实验室化验龙头(鹅颈) | | | | |
| | 单联 | 0.07 | 0.35 | 15 | 0.020 |
| | 双联 | 0.15 | 0.75 | 15 | 0.020 |
| | 三联 | 0.20 | 1.00 | 15 | 0.020 |

（续）

| 序号 | 给水配件名称 | 额定流量 /(L/s) | 当量 | 连续管径 /mm | 最低工作 压力/MPa |
|---|---|---|---|---|---|
| 12 | 饮水器喷嘴 | 0.05 | 0.25 | 15 | 0.020 |
| 13 | 洒水栓 | 0.40 | 2.00 | 20 | 0.050～0.100 |
| | | 0.70 | 3.50 | 25 | 0.050～0.100 |
| 14 | 室内地面冲洗水嘴 | 0.20 | 1.00 | 15 | 0.050 |
| 15 | 家用洗衣机水嘴 | 0.20 | 1.00 | 15 | 0.050 |

注：①表中括弧内的数值系在有热水供应时，单独计算冷水或热水时使用；

②当浴盆上附设淋浴器时，或混合龙头有淋浴器转换开关，其额定流量和当量只计龙头，不计淋浴器，但水压应按淋浴器计；

③家用燃气热水器，所需水压按产品要求和热水供应系统最不利配水点所需流出水头确定；

④绿地的自动喷灌应按产品要求设计。

## 附表 4　给水管道设计秒流量计算表

| $U_0$ | 1.0 | | 1.5 | | 2.0 | | 2.5 | | 3.0 | | 3.5 | |
|---|---|---|---|---|---|---|---|---|---|---|---|---|
| $N_g$ | U(%) | Q(L/s) | U(%) | Q(L/s) | U(%) | Q(L/s) | U(%) | Q(L/s) | U(%) | Q(L/s) | U(%) | Q(L/s) |
| 1 | 100.0 | 0.20 | 100.0 | 0.20 | 100.0 | 0.20 | 100.0 | 0.20 | 100.00 | 0.20 | 100.00 | 0.20 |
| 2 | 70.94 | 0.28 | 71.20 | 0.28 | 71.49 | 0.29 | 71.78 | 0.29 | 72.08 | 0.29 | 72.39 | 0.29 |
| 3 | 58.00 | 0.35 | 58.30 | 0.35 | 58.62 | 0.35 | 58.96 | 0.35 | 59.31 | 0.36 | 59.66 | 0.36 |
| 4 | 50.28 | 0.40 | 50.60 | 0.40 | 50.94 | 0.41 | 51.30 | 0.41 | 51.66 | 0.41 | 52.03 | 0.42 |
| 5 | 45.01 | 0.45 | 45.34 | 0.45 | 45.69 | 0.46 | 46.06 | 0.46 | 46.43 | 0.46 | 46.82 | 0.47 |
| 6 | 41.12 | 0.49 | 41.45 | 0.50 | 41.81 | 0.50 | 42.18 | 0.51 | 42.57 | 0.51 | 42.96 | 0.52 |
| 7 | 38.09 | 0.53 | 38.43 | 0.54 | 38.79 | 0.54 | 39.17 | 0.55 | 39.56 | 0.55 | 39.96 | 0.56 |
| 8 | 35.65 | 0.57 | 35.99 | 0.58 | 36.36 | 0.58 | 36.74 | 0.59 | 37.13 | 0.59 | 37.53 | 0.60 |
| 9 | 33.63 | 0.61 | 33.98 | 0.61 | 34.35 | 0.62 | 34.73 | 0.63 | 35.12 | 0.63 | 35.53 | 0.64 |
| 10 | 31.92 | 0.64 | 32.27 | 0.65 | 32.64 | 0.65 | 33.03 | 0.66 | 33.42 | 0.67 | 33.83 | 0.68 |
| 11 | 30.45 | 0.67 | 30.80 | 0.68 | 31.17 | 0.69 | 31.56 | 0.69 | 31.96 | 0.70 | 32.36 | 0.71 |
| 12 | 29.17 | 0.70 | 29.52 | 0.71 | 29.89 | 0.72 | 30.28 | 0.73 | 30.68 | 0.74 | 31.09 | 0.75 |
| 13 | 28.04 | 0.73 | 28.39 | 0.74 | 28.76 | 0.75 | 29.15 | 0.76 | 29.55 | 0.77 | 29.96 | 0.78 |
| 14 | 27.03 | 0.76 | 27.38 | 0.77 | 27.76 | 0.78 | 28.15 | 0.79 | 28.55 | 0.80 | 28.96 | 0.81 |
| 15 | 26.12 | 0.78 | 26.48 | 0.79 | 26.85 | 0.81 | 27.24 | 0.82 | 27.64 | 0.83 | 28.05 | 0.84 |
| 16 | 25.30 | 0.81 | 25.66 | 0.82 | 26.03 | 0.83 | 26.42 | 0.85 | 26.83 | 0.86 | 27.24 | 0.87 |

（续）

| $U_0$ | 1.0 | | 1.5 | | 2.0 | | 2.5 | | 3.0 | | 3.5 | |
|---|---|---|---|---|---|---|---|---|---|---|---|---|
| Ng | U(%) | Q(L/s) | U(%) | Q(L/s) | U(%) | Q(L/s) | U(%) | Q(L/s) | U(%) | Q(L/s) | U(%) | Q(L/s) |
| 17 | 24.56 | 0.82 | 24.91 | 0.85 | 25.29 | 0.86 | 25.68 | 0.87 | 26.08 | 0.89 | 26.49 | 0.90 |
| 18 | 23.68 | 0.86 | 24.23 | 0.87 | 24.61 | 0.89 | 25.00 | 0.90 | 25.40 | 0.91 | 25.81 | 0.93 |
| 19 | 23.25 | 0.88 | 23.60 | 0.90 | 23.98 | 0.91 | 24.37 | 0.93 | 24.77 | 0.94 | 25.19 | 0.96 |
| 20 | 22.67 | 0.91 | 23.02 | 0.92 | 23.40 | 0.94 | 23.79 | 0.95 | 24.20 | 0.97 | 24.61 | 0.98 |
| 22 | 21.63 | 0.95 | 21.98 | 0.97 | 22.36 | 0.98 | 22.75 | 1.00 | 23.16 | 1.02 | 23.57 | 1.04 |
| 24 | 20.72 | 0.99 | 21.07 | 1.01 | 21.45 | 1.03 | 21.85 | 1.05 | 22.25 | 1.07 | 22.66 | 1.09 |
| 26 | 19.92 | 1.04 | 20.27 | 1.05 | 20.65 | 1.07 | 21.05 | 1.09 | 21.45 | 1.12 | 21.87 | 1.14 |
| 28 | 19.21 | 1.08 | 19.56 | 1.10 | 19.94 | 1.12 | 20.33 | 1.14 | 20.74 | 1.16 | 21.15 | 1.18 |
| 30 | 18.56 | 1.11 | 18.92 | 1.14 | 19.30 | 1.16 | 19.69 | 1.18 | 20.10 | 1.21 | 20.51 | 1.23 |
| 32 | 17.99 | 1.15 | 18.34 | 1.17 | 18.72 | 1.20 | 19.12 | 1.22 | 19.52 | 1.25 | 19.94 | 1.28 |
| 34 | 17.46 | 1.19 | 17.81 | 1.21 | 18.19 | 1.24 | 18.59 | 1.26 | 18.99 | 1.29 | 19.41 | 1.32 |
| 36 | 16.97 | 1.22 | 17.33 | 1.25 | 17.71 | 1.28 | 18.11 | 1.30 | 18.51 | 1.33 | 18.93 | 1.36 |
| 38 | 16.53 | 1.26 | 16.89 | 1.28 | 17.27 | 1.31 | 17.66 | 1.34 | 18.07 | 1.37 | 18.48 | 1.40 |
| 40 | 16.12 | 1.29 | 16.48 | 1.32 | 16.86 | 1.35 | 17.25 | 1.38 | 17.66 | 1.41 | 18.07 | 1.45 |
| 42 | 15.74 | 1.32 | 16.09 | 1.35 | 16.47 | 1.38 | 16.87 | 1.42 | 17.28 | 1.45 | 17.69 | 1.49 |
| 44 | 15.38 | 1.35 | 15.74 | 1.39 | 16.12 | 1.42 | 16.52 | 1.45 | 16.92 | 1.49 | 17.34 | 1.53 |
| 46 | 15.05 | 1.38 | 15.41 | 1.42 | 15.79 | 1.45 | 16.18 | 1.49 | 16.58 | 1.53 | 17.00 | 1.56 |
| 48 | 14.74 | 1.42 | 15.10 | 1.45 | 15.48 | 1.49 | 15.87 | 1.52 | 16.28 | 1.56 | 16.69 | 1.60 |
| 50 | 14.45 | 1.45 | 14.81 | 1.48 | 15.19 | 1.52 | 15.58 | 1.56 | 15.99 | 1.60 | 16.40 | 1.64 |
| 55 | 13.79 | 1.52 | 14.15 | 1.56 | 14.53 | 1.60 | 14.92 | 1.64 | 15.33 | 1.69 | 15.74 | 1.73 |
| 60 | 13.22 | 1.59 | 13.57 | 1.63 | 13.95 | 1.67 | 14.35 | 1.72 | 14.76 | 1.77 | 15.17 | 1.82 |
| 65 | 12.71 | 1.65 | 13.07 | 1.70 | 13.45 | 1.75 | 13.84 | 1.80 | 14.25 | 1.85 | 14.66 | 1.91 |
| 70 | 12.26 | 1.72 | 12.62 | 1.77 | 13.00 | 1.82 | 13.39 | 1.87 | 13.80 | 1.93 | 14.21 | 1.99 |
| 75 | 11.85 | 1.78 | 12.21 | 1.83 | 12.59 | 1.89 | 12.99 | 1.95 | 13.39 | 2.01 | 13.81 | 2.07 |
| 80 | 11.49 | 1.84 | 11.84 | 1.89 | 12.22 | 1.96 | 12.62 | 2.02 | 13.02 | 2.08 | 13.44 | 2.15 |
| 85 | 11.15 | 1.90 | 11.51 | 1.96 | 11.89 | 2.02 | 12.28 | 2.09 | 12.69 | 2.16 | 13.10 | 2.23 |
| 90 | 10.85 | 1.95 | 11.20 | 2.02 | 11.58 | 2.09 | 11.98 | 2.16 | 12.38 | 2.23 | 12.80 | 2.30 |
| 95 | 10.57 | 2.01 | 10.92 | 2.08 | 11.30 | 2.15 | 11.70 | 2.22 | 12.10 | 2.30 | 12.52 | 2.38 |

（续）

| $U_0$ | 1.0 | | 1.5 | | 2.0 | | 2.5 | | 3.0 | | 3.5 | |
|---|---|---|---|---|---|---|---|---|---|---|---|---|
| Ng | U(%) | Q(L/s) | U(%) | Q(L/s) | U(%) | Q(L/s) | U(%) | Q(L/s) | U(%) | Q(L/s) | U(%) | Q(L/s) |
| 100 | 10.31 | 2.06 | 10.66 | 2.13 | 11.04 | 2.21 | 11.44 | 2.29 | 11.84 | 2.37 | 12.26 | 2.24 |
| 110 | 9.84 | 2.17 | 10.20 | 2.24 | 10.58 | 2.33 | 10.97 | 2.41 | 11.38 | 2.50 | 11.79 | 2.59 |
| 120 | 9.44 | 2.26 | 9.79 | 2.35 | 10.17 | 2.44 | 10.56 | 2.54 | 10.97 | 2.63 | 11.38 | 2.73 |
| 130 | 9.08 | 2.36 | 9.43 | 2.45 | 9.81 | 2.55 | 10.21 | 2.65 | 10.61 | 2.76 | 11.02 | 2.87 |
| 140 | 8.76 | 2.45 | 9.11 | 2.55 | 9.49 | 2.66 | 9.89 | 2.77 | 10.29 | 2.88 | 10.70 | 3.00 |
| 150 | 8.47 | 2.54 | 8.83 | 2.65 | 9.20 | 2.76 | 9.60 | 2.88 | 10.00 | 3.00 | 10.42 | 3.12 |
| 160 | 8.21 | 2.63 | 8.57 | 2.74 | 8.94 | 2.86 | 9.34 | 2.99 | 9.74 | 3.12 | 10.16 | 3.25 |
| 170 | 7.98 | 2.71 | 8.33 | 2.83 | 8.71 | 2.96 | 9.10 | 3.09 | 9.51 | 3.23 | 9.92 | 3.37 |
| 180 | 7.76 | 2.79 | 8.11 | 2.92 | 8.49 | 3.06 | 8.89 | 3.20 | 9.29 | 3.34 | 9.70 | 3.49 |
| 190 | 7.56 | 2.87 | 7.91 | 3.01 | 8.29 | 3.15 | 8.69 | 3.30 | 9.09 | 3.45 | 9.50 | 3.61 |

### 附表 5(a)　工业企业生活间、公共浴室、洗衣房卫生器具同时给水百分数

| 卫生器具名称 | 同时给水百分数/% | | | | | |
|---|---|---|---|---|---|---|
| | 工业企业生活间 | 公共浴室 | 影剧院 | 体育场馆 | 教学楼卫生间 | 候车（机、船）室卫生间 |
| 洗涤盆（地） | 33 | 15 | 15 | 15 | — | 20 |
| 洗手盆 | 50 | 50 | 50 | 50 | 50 | 60 |
| 洗脸盆、盥洗槽水龙头 | 60~100 | 60~100 | 50 | 80 | — | 80 |
| 浴盆 | — | 50 | — | — | — | — |
| 无间隔淋浴器 | 100 | 100 | — | 100 | — | — |
| 有间隔淋浴器 | 80 | 60~80 | 80 | 60~100 | — | — |
| 大便器冲洗水箱 | 30 | 20 | 40 | 40 | 40 | 40 |
| 大便器自闭式冲洗阀 | 20 | 20 | 20 | 20 | 20 | 20 |
| 小便器自闭式冲洗阀 | 30 | 30 | 30 | 30 | 30 | 30 |
| 小便器自动冲洗水箱 | 100 | 100 | 100 | 100 | 100 | 100 |
| 小便槽多孔冲洗管 | 100 | 100 | 100 | 100 | 100 | 100 |
| 净身器 | 33 | — | — | — | — | — |
| 饮水器 | 30~60 | 30 | 30 | 30 | 20 | 30 |
| 小卖部洗涤盆 | — | 50 | 50 | 50 | — | 50 |

**附表 5(b)　职工食堂、公共饮食业卫生器具和厨房设备同时给水百分数**

| 卫生器具和厨用设备名称 | 同时给水百分数/% |
|---|---|
| 污水盆(池) | 50 |
| 洗涤盆(池) | 70 |
| 煮锅 | 60 |
| 生产性洗涤机 | 40 |
| 器皿洗涤机 | 90 |
| 开水器 | 50 |
| 蒸汽发生器 | 100 |
| 灶台给水龙头 | 30 |
| 沐浴器 | 100 |
| 洗手盆、洗脸盆 | 60 |
| 大便器冲洗水箱 | 40 |
| 小便器 | 50 |

注：①职工或学生饭堂的洗碗台水龙头，按100%同时给水，但不与厨房用水叠加；
②本表卫生间系指厨房工作人员使用的卫生间，顾客用的卫生间按商场卫生间计算。

**附表 5(c)　实验室化验龙头同时给水百分数**

| 卫生器具名称 | 同时给水百分数/% | |
|---|---|---|
| | 科学研究实验室 | 生产实验室 |
| 单联化验龙头 | 20 | 30 |
| 双联或三联化验龙头 | 30 | 50 |